なんと、オニヒトデが猛毒生物のえじきに!?

猛毒を吐くドクフキコブラ！

これが、ヒアリだ！

マムシにかまれた犬

## DVDの名場面

動く図鑑MOVEには、NHKエンタープライズが制作したDVDがついています。DVDには、猛毒をもつ生きものの生態が、迫力ある映像で収録されています。身を守ったり、狩りをするために、毒をもつようになった生きものたちのおどろくべきすがたをご覧ください！

ブルーリングは猛毒のしるし！

食べられても胃袋から生還する！
サメハダイモリ

ケープコブラvs.ミーアキャット

[監修]
今泉忠明
動物学者
日本動物科学研究所 所長

講談社の動く図鑑
MOVE
猛毒の生きもの

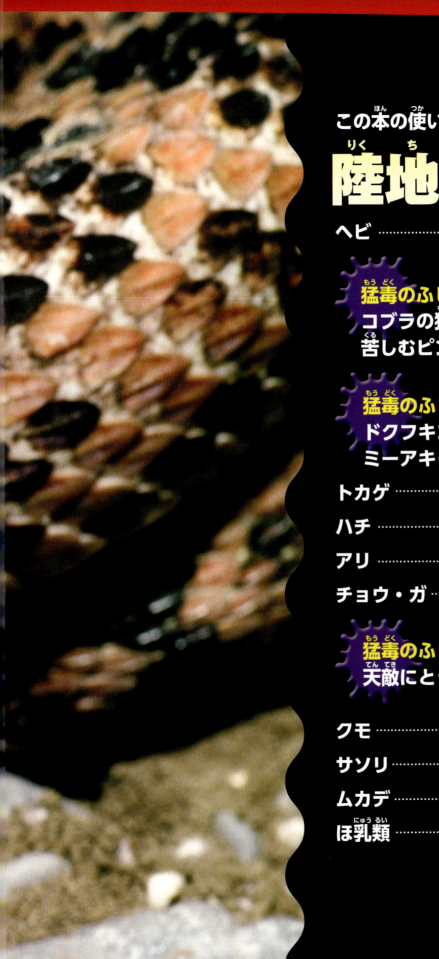

この本の使い方 ......................................................... 10

# 陸地の猛毒生物

ヘビ ............................................................................. 12

**猛毒のふしぎ**
コブラの猛毒に
苦しむピンチのライオン!! ................................. 14

**猛毒のふしぎ**
ドクフキコブラと
ミーアキャットの戦い!! ..................................... 18

トカゲ ......................................................................... 22
ハチ ............................................................................. 24
アリ ............................................................................. 28
チョウ・ガ ................................................................. 30

**猛毒のふしぎ**
天敵にとっては猛毒生物!? ................................. 31

クモ ............................................................................. 32
サソリ ......................................................................... 36
ムカデ ......................................................................... 38
ほ乳類 ......................................................................... 40

# 水辺・海の猛毒生物

カエル……………………… 42
イモリ……………………… 46
クラゲ……………………… 48
イソギンチャク…………… 50

**猛毒のふしぎ**
人間には弱い毒でも
強力な武器 !?……………… 51

タコ・貝…………………… 52
魚類………………………… 56
ウミヘビ…………………… 62

**猛毒のふしぎ**
トラウツボを丸のみにする
アオマダラウミヘビ!!…… 64

ウニ・ヒトデ……………… 66

**猛毒のふしぎ**
食中毒に要注意!!………… 68

# その他の猛毒生物

キノコ ……………… 72
植物 ……………………… 76

**猛毒のふしぎ**
気をつけたい身近な植物 ……… 79

ウイルス・細菌 ………………… 80
毒を利用する生きものたち ……… 82
さくいん ……………………… 86

## 猛毒生物のふしぎ

# 猛毒生物って どんな生きもの?

この本では、ふつうの毒よりもさらに強い「猛毒」をもつ生きものを中心に紹介する。かゆみやいたみだけでなく、ときには人間を死にいたらしめるほどの強い毒をもつものもいる。

**コモドオオトカゲ** 22 ページ →

**シドニージョウゴグモ** 34 ページ →

**モンスズメバチ** 26 ページ →

**キングコブラ** 15 ページ →

## 猛毒生物のふしぎ

# どうして毒をもっているの?

猛毒生物たちはさまざまな理由で毒をもっている。本来は人間に向かって積極的に毒を使うようなことはすくないので、猛毒生物たちがどんなときに毒を使うのかを知って、危険をさけよう。

### Q 毒ってそもそもどんなものなの?

**A** さまざまな種類の毒がありますが、動物が体内でつくりだす毒の多くはタンパク質です。いろいろな種類のタンパク質があるため、毒によっていたみの度合い、体のしびれ、出血などの症状にもちがいが出ます。

### 身を守るための毒

猛毒生物のなかには身を守るためだけに毒をもつものもいます。背びれに毒をもつオニダルマオコゼは、えものをとらえるために毒を使うことはありません。

オニダルマオコゼ
60ページ

ヒョウモンダコ
52ページ

### えものを狩る毒

ヒョウモンダコはえものを狩るために積極的に毒を使います。人間のような大きな敵が近づくと、身を守るために毒を使うこともあります。

## 猛毒生物のふしぎ
# 毒にはどんなタイプがあるの？

体によいとされるビタミンなどの成分でも、とりすぎると毒になることがあるように、毒とは定義がむずかしい。生きものが出す毒はこまかな成分のちがいまで比べると、じつにさまざまだ。ここでは、毒がどういう症状をおこすか、タイプをおおまかに4つにわけたものを見てみよう。

**モウドクフキヤガエル** 44ページ →

**キングコブラ** 15ページ →

**オオマルモンダコ** 53ページ →

## 神経毒
### 体の機能をまひさせる毒
動物の全身に通っている神経をまひさせることで、体の自由をうばいます。脳からの命令がストップして、心臓や呼吸器がとまると、死にいたる危険もあります。カエルやタコ、コブラのなかまなど、多くの生きものが神経毒をもっています。

# 出血毒

## 血液や血管を破壊する毒

マムシやハブなどのヘビがもつ毒で、えものの体内の組織を破壊します。あざができるときのように、皮ふの下から出血して、はれと激痛におそわれます。ヘビのなかまには出血毒と神経毒を合わせもつ種もたくさんいます。

ハブ
20ページ →

# 溶血毒

## 血液が固まらなくなる毒

血液が固まるのを妨げて、体に異常をおこす毒です。症状が出るのに数十分ほどかかることもあり、はれやいたみがひどくなくても血便や血尿が出るなど、さまざまな影響があらわれます。ヤマカガシなどのヘビが溶血毒をもっています。

ヤマカガシ
20ページ →

# アナフィラキシーショック

オオスズメバチ
24ページ →

## 恐怖のアレルギー反応

毒に対するショック症状です。有名なのはスズメバチの毒に対するもので、一度体内に入ったことがあると、二度目に毒をうけたときにはげしいショック症状をおこします。ハチ、アリ、クモなどの毒でこのショック症状をおこし、人間が死亡する事故もおきています。

# この本の使い方

この本では、世界中の猛毒生物を紹介しています。毒をもつ危険な生きものに興味をもち、なぜ毒をもつのか、どんな毒をもっているか、くわしくなりましょう。

### 生きもののグループ
この本では、生息する環境や生きもののグループごとに分けて、猛毒生物を紹介しています。

### Q&A
猛毒生物に関するさまざまな質問と答えがのっています。

### データの見方
- **分類**…その種の科名をのせています。
- **大きさ**…体長や全長などの大きさを表します。
- **おもな生息地**…その種がくらすおもな地域を表します。
- **危険なところ**…きばや毒など、その種の危険なポイントをのせています。

### DVDマーク

付属のDVDで紹介されている種には、水色のDVDマークがついています。ピンク色のDVDマークがついた種は、近い種がDVDに登場します。

## マーク

毒で人間にちょくせつ危害を加えるおそれのある生きものには、マークがついていて、その種の危険度を3段階でしめしています。

| マーク | 説明 |
|---|---|
| 🧪 | 軽い症状ですむことが多いもの。 |
| 🧪🧪 | 重傷や重い症状をまねく可能性が高いもの。 |
| 🧪🧪🧪 | 命にかかわる重大な症状をまねく可能性が高いもの。 |

※しめされている危険度は、あくまで目安です。毒の影響は、その生きものの状態や、毒をうけた人間の体の大きさ、体調、年齢などで、危険度は大きくかわります。マークがひとつでも、とても危険な場合があるので注意しましょう。

### 今泉のチェックポイント
監修者による、そのコーナーの注目ポイントです。

### 猛毒情報
その種やグループのもつ毒について、毒をうけたときにどのような症状が出るかなど、くわしい情報を紹介しています。

### 種名
たとえば、「キイロオブトサソリ」のように、生きものにつけられた名前を「種」といいます。ここでは、日本でよく使われる「和名」を使っています。一部、和名がない種などは、英語名を使っています。

11

# 陸地の猛毒生物

## ヘビ

### 今泉のチェックポイント
ヘビは猛毒をもつなかまが多いことで有名な危険生物だ。えものを狩るときに毒を使うだけでなく、身を守るときにも毒を使うから、注意が必要だ！

### ガボンアダー
5cmもある長い毒牙をえものの体の奥深くまでさしこみ、大量の毒を流しこむことで即死状態にさせます。おもな成分は出血毒で、かまれると激痛が走り、血圧が低下して意識がなくなります。●クサリヘビ科 ●1.6〜2.1m ●アフリカ西部〜南東部 ●毒牙

**世界最大の毒牙をもつ毒ヘビ**

2mをこえる大きなガボンアダーもいます。

### Q ヘビはどこから毒を流しこむの？

**A** ヘビの毒は上あごにある毒腺でつくられていて、毒腺は上あごのいちばん前にある毒牙とつながっています。毒は毒牙にある空洞をとおって、毒牙の先の穴からえものに注入されます。毒牙があごの奥に付いている毒ヘビもいます。

ヘビの毒牙。

毒を注入する穴。

●分類 ●体の大きさ ●おもな生息地 ●危険なところ

**トウブブラウンスネーク** 🧪🧪🧪
神経毒をもつコブラのなかまです。陸にすむヘビのなかで3番目に強い毒をもつといわれます。近年、オーストラリアの都市部でも見られるようになり、死亡事故が発生しています。🟩コブラ科 🟥1.2〜1.8m 🟪オーストラリア、パプアニューギニア、インドネシア 🟦毒牙

**タイガースネーク** 🧪🧪🧪
強い神経毒をもち、かまれるとまず頭痛におそわれ、やがて呼吸困難におちいります。適切な治療がうけられない場合の死亡率は50%といわれています。🟩コブラ科 🟥1〜2.4m 🟪オーストラリア南部、タスマニア島 🟦毒牙

**ラッセルクサリヘビ** 🧪🧪🧪
出血毒と神経毒がまざっているため、体のまひだけでなく、かまれた部分が壊死するなど、たとえ死ななくても深刻な後遺症がのこる場合があります。人家の近くにもすんでいるため多くの事故が発生しています。🟩クサリヘビ科 🟥1〜1.9m 🟪インド、パキスタン、スリランカ、ネパール 🟦毒牙

**ブラックマンバ** 🧪🧪🧪
ひじょうに強い神経毒を大量に出します。ひとかみで出す毒の量は、10〜40人を死亡させるほどです。かまれると数秒で筋肉が動かなくなり、やがて呼吸困難となって死にいたります。🟩コブラ科 🟥2.5〜4.3m 🟪アフリカ東部〜南部および西部の一部 🟦毒牙

**インランドタイパン** 🧪🧪🧪
インドコブラの50倍ともいわれる世界一強い毒をもつヘビです。強力な神経毒には、毒の吸収速度を速くする酵素もふくまれているためとても危険です。しかし、人があまりすんでいない場所に生息するため、かまれる被害はそれほど発生していません。🟩コブラ科 🟥2.4m 🟪オーストラリア 🟦毒牙

13

## 猛毒のふしぎ

# コブラの猛毒に苦しむピンチのライオン!!

どんなに強い生きものでも、毒には注意しなくてはならない。サバンナでもそれは同じことだ！

◀弱ったライオンをねらうようにブチハイエナが集まります。

**ブチハイエナ**
アフリカのサバンナにいて、メスを中心とした群れでくらしています。ライオンなどの肉食獣のえものを横どりしたり、弱った動物をおそいます。●ハイエナ科 ●65〜114㎝ ●アフリカ ●あごの力、歯

▲毒が体にまわって動きがにぶくなっていても、ハイエナにおそわれないようにいかくをします。

**ライオン**
2〜3頭のオスと数頭のメスとその子どもからなる群れをつくってくらしています。また、群れに入らずに2〜3頭のオスだけでくらし、群れをのっとる機会をうかがっている放浪ライオンもいます。●ネコ科 ●2.4〜3.3m ●アフリカ、インド ●きば、つめ

## 事件のあらまし

ある暑いサバンナの一日に、その事件はおこりました。放浪ライオンがえものをもとめて草原をあるいていたとき、エジプトコブラの尾をうっかりふんでしまったのです。攻撃をされたと思ったエジプトコブラは、すかさずライオンの後ろあしにかみつき、毒を注入します。体が大きいライオンは、エジプトコブラの毒では死にません。しかし、猛毒によって強烈なめまいにおそわれ、口は開いたままになり、よだれがだらだらと流れます。ついには体がまひして、歩けなくなったライオンはハイエナにかこまれてしまいますが、力をふりしぼって必死にいかくします。数時間こぜりあいをつづけたのち、ライオンにまわった毒はようやく分解され、ハイエナたちはあきらめてライオンは事なきを得ました。

猛毒をもつエジプトコブラ。

●分類 ●体の大きさ ●おもな生息地 ●危険なところ

## 危険!! EX 猛毒情報

### 人間がコブラにかまれると……

人間がコブラにかまれると、運が悪ければ即死してしまいます。はげしい苦痛を感じたのち、視力に異常が出て、めまいや眠気、まひがおこります。それから体が動かなくなり、最後には呼吸困難になり、もがき苦しんで死んでしまいます。

キングコブラにかまれた人の手です。皮ふにこぶのようなものができてしまいます。

### コブラ科のなかま

**キングコブラ** 🧪🧪🧪
長さが約5m、重さ9kgにもなる世界最大の毒ヘビです。神経毒の強さは最強クラスではありませんが、一度に注入する量が7mlととても多く、ゾウですら死んでしまうとされています。🟩コブラ科 🟥4.5〜5.9m 🟦東南アジア〜南アジア 🟩毒牙

**ケープコブラ** 🧪🧪🧪
住宅地にもあらわれるため事故がおきやすく、アフリカでおそれられているヘビのひとつです。神経毒でかまれると体がまひして、よだれが止まらなくなり、けいれんがおこり、やがて呼吸困難で死にいたります。🟩コブラ科 🟥1.5〜1.7m 🟦アフリカ南部 🟩毒牙

**見てみよう！**
DVD 立ち向かえ！ 猛毒
コブラ VS. ミーアキャット

◀エジプトコブラはライオンを食べようとしておそうことはありませんが、身の危険を感じると反撃をすることがあります。

**エジプトコブラ** 🧪🧪🧪
アフリカ大陸最大のコブラです。神経毒のため、かまれると体がまひして筋肉が動かなくなり、呼吸困難となって死にいたります。このコブラにかませてエジプトのクレオパトラが自殺したという伝説があります。🟩コブラ科 🟥1.5〜2m 🟦アフリカ、アラビア半島南部 🟩毒牙

陸地の猛毒生物 ヘビ

## モハベガラガラヘビ 🧪🧪🧪

ガラガラヘビでもっとも強い毒をもっています。毒にはAとBの2タイプがあり、生息地によって片方しかもたないものと両方もつものがいます。とくにタイプAは神経毒のようなはたらきがあり、タイプBよりも10倍毒が強いとされています。■クサリヘビ科 ■70～137㎝ ■アメリカ南西部～中米 ■毒牙

### Q ヘビの毒がきかない相手はいるの？

**A** キングヘビのなかまは、ヘビを食べることで知られています。キングヘビは毒をもたないヘビですが、毒ヘビの猛毒に耐性をもっています。自分より大きなモハベガラガラヘビなどの猛毒をもつヘビでも、しめ殺して食べてしまうヘビの王様なのです。

黒い体のキングヘビのなかまがモハベガラガラヘビを食べています。

## 砂にもぐってえものをねらう！

### ペリングウェイアダー 🧪

アフリカ西海岸のナミブ砂漠などにすんでいるクサリヘビのなかまです。目と鼻先だけを砂から出しトカゲなどのえものを待ちぶせします。毒はそれほど強くはなく、人間が死ぬようなことはありません。■クサリヘビ科 ■30㎝ ■アフリカ ■毒牙

■分類 ■体の大きさ ■おもな生息地 ■危険なところ

## 速い！
ヨコバイガラガラヘビは体をくねらせて、人間よりも速く砂漠を進むことができます。

## 音を出す！
ガラガラヘビの名前の由来は、赤子をあやす「ガラガラ」からきています。尾の先に付いたさや状の発音器官をはげしく振動させて、警戒音を出します。

## かくれる！
砂に身をかくしてえものを待ちぶせするのが、ヨコバイガラガラヘビの狩りのスタイルです。ネズミなどの小動物なら、毒牙でひとかみするだけで即死状態になります。

### ヨコバイガラガラヘビ
砂漠にすむ代表的なガラガラヘビです。毒はあまり強くなく大人がかまれても死にいたることはありませんが、かまれた部分が壊死し、切断しなくてはならないこともあります。　クサリヘビ科　60〜80㎝　アメリカ南西部〜メキシコ北部　毒牙

**見てみよう！DVD** 恐怖！　猛毒をもったヘビ　オレゴンガラガラヘビ

17

## 猛毒のふしぎ

# ドクフキコブラと ミーアキャットの戦い!!

かみついて毒を流しこむだけではなく、毒液を飛ばすことができる毒ヘビもいる。ほかの生きものとどんな戦いをしているか、見てみよう！

ミーアキャット程度の大きさの生きものだけでなく、どんな相手であっても毒液を飛ばして抵抗します。

**リンガルス（ドクフキコブラ）**
おそってきた敵の目をめがけて毒液を飛ばします。2m以上も飛ばすことができ、人間の目に入ると失明するおそれがあります。　■コブラ科　■90～110cm　■アフリカ東部～南部　■毒牙、飛び出る毒液

**見てみよう！** 恐怖！ 猛毒をもったヘビ
**DVD** ゼブラドクフキコブラ

### Q ドクフキコブラはどこから毒を出すの？

**A** ふつうの毒ヘビは毒牙の先に毒を注入するための穴がありますが、ドクフキコブラは毒牙の前側に毒の出口があります。そのため、前に向かって毒を飛ばすことができるのです。

### 危険!! EX 猛毒情報 ドクフキコブラの毒をあびると……

毒液が目に入ると、はげしいいたみにおそわれます。あまりのいたさにこすったりひっかいたりしてしまうと粘膜が傷つき、失明などの後遺症がのこる危険性があります。かまれて毒を注入されると、ほかのコブラと同様に死にいたることもあります。

## 見てみよう！ DVD 立ち向かえ！猛毒 コブラ VS. ミーアキャット

### ミーアキャット
砂漠やあれ地に家族で群れをつくってくらしています。昆虫やトカゲ、サソリなどがおもな食べ物ですが、ときにはヘビもえものにします。●マングース科 ●25〜35㎝ ●アフリカ南部 ●きば、つめ

すばやい動きとチームワークで狩りをおこなうミーアキャットであれば、毒液をよけて攻撃し、毒ヘビを食べてしまうこともあるかもしれません。

## 事件のあらまし

ミーアキャットは警戒心が高い生きものですが、この日はえものを追いかけているうちにばったりとドクフキコブラに遭遇してしまいました。ミーアキャットは毒サソリでも、たおして食べることができます。しかし、猛毒ヘビがもつ毒はサソリよりも危険性の高い毒です。危険な敵であるドクフキコブラに対して、ミーアキャットはとり囲んで対抗しようとします。すると、危険を感じたドクフキコブラは毒液を飛ばしてミーアキャットを追い払おうとします。しかし、動きがすばやいミーアキャットに毒液をよけられてしまい、不利を悟ったドクフキコブラは毒液をよけた動きのすきをついて、逃げ出しました。

陸地の猛毒生物

ヘビ

### ヒメハブ 🧪🧪
ハブとくらべて太くて短い体が特ちょうです。出血毒でハブよりも毒は強くありませんが、かまれると1週間ははれがつづきます。死亡例はありません。
- クサリヘビ科 ■30〜80cm ■奄美諸島、沖縄諸島 ■毒牙

**見てみよう！ DVD 恐怖！ 猛毒をもったヘビ ハブ**

### ハブ 🧪🧪🧪
日本でもっとも危険といわれている毒ヘビで、沖縄県だけで1年間に40人ほどが被害にあっています。毒の強さはマムシにはおとりますが、量が多く、かまれると筋肉が壊死するなど深刻な後遺症がのこることがあります。
- クサリヘビ科 ■1.2〜2.4m ■奄美諸島、沖縄諸島 ■毒牙

### サキシマハブ 🧪🧪
石垣島や西表島にいるクサリヘビのなかまです。サトウキビ畑にいることがあり、かまれる事故がおきています。死亡例はほとんどありませんが出血毒なので壊死による後遺症がのこることがあります。
- クサリヘビ科 ■60〜120cm ■八重山諸島 ■毒牙

### Q ハブはどんなところにいるの？

**A** ハブは日本を代表する毒ヘビで、沖縄周辺の島々で見られます。森林や草むらがおもな居場所ですが、えものを追って人家の近くにまでやってくることがあります。ブーツなどで足元をしっかり守っていても、不用意に近づくとジャンプをしたり、樹上から攻撃してきたりすることもあるため、油断のできない、つねに注意が必要な毒ヘビです。

### 危険!! EX 猛毒情報 ヤマカガシの毒液に注意！
首をつかんだり、たたいたりすると飛び出す毒液は、水で洗ってもなかなか落ちません。失明の危険があるので病院で洗浄をうけましょう。口の奥にある毒牙の毒は死にいたるほど強いため、注意すべきなのはいうまでもありません。

### ヤマカガシ 🧪🧪🧪
首から出る毒と口の奥のきばから出る2つの毒をもっています。首から出る毒は身を守るために、毒牙から出る毒はえものをしとめるために使います。毒の強さはハブやマムシよりも強く、死亡事故がおきています。
- ナミヘビ科 ■70〜150cm ■本州、四国、九州／東アジア ■毒牙、首から出る毒

■分類 ■体の大きさ ■おもな生息地 ■危険なところ

陸地の猛毒生物

トカゲ

# トカゲ

!今泉のチェックポイント
毒をもつトカゲは数少ないが、どれもインパクトの強い猛毒トカゲだ。日本にはいない種ばかりでよかった！

## コモドオオトカゲ 🧪🧪🧪

長い間、毒をもっているのかはっきりしていませんでしたが、最新の研究では、下あごの歯の間から血が固まらなくなる毒を出すといわれるようになりました。かまれると血が止まらなくなり、えものは出血によるショックで死んでしまいます。

■オオトカゲ科　■2〜3m　■インドネシアのコモド島、リンチャ島　■下あごの毒

見てみよう！ DVD 猛毒ニュース
猛毒!?　コモドオオトカゲの狩り

### 猛毒をもつ世界最大のトカゲ

直立したオス同士が体をぶつけあう「コンバット・ダンス」は、メスやなわばりをめぐる戦いです。

■分類　■体の大きさ　■おもな生息地　■危険なところ

## Q コモドオオトカゲの毒はすぐにきくの?

A コモドオオトカゲの毒をうけたスイギュウやシカなどは、すぐにたおれてしまうわけではなく、その場は逃げきることもあります。しかし、毒をうけたえものは、じりじりと毒にむしばまれ、数日かけて死にいたることがあります。コモドオオトカゲはえものが弱るまであとをつけまわして、じっくり待ってから食べるのです。

するどい歯で傷ついたところから毒が入っていく。

### メキシコドクトカゲ
メキシコの乾燥した森にすんでいます。毒はアメリカドクトカゲと同じで、下あごからしみ出すように出てきます。数が少なく絶滅にひんしています。 ■ドクトカゲ科 ■40〜70㎝ ■メキシコ北西部、グアテマラ ■下あごの毒

### アメリカドクトカゲ
砂漠やあれ地などにすんでいます。下あごから毒がだ液のようにしみ出し、するどい歯でかみついた傷からえものの体に入ります。神経毒なので体がまひして血圧が下がりますが、人間が死ぬようなことはありません。 ■ドクトカゲ科 ■40〜50㎝ ■アメリカ南部〜メキシコ北西部 ■下あごの毒

# ハチ

**今泉のチェックポイント**
ハチは日本でも被害の多い猛毒生物だ。多くのハチが毒をもっているが、ここでは特に毒の強いスズメバチのなかまを中心に紹介するぞ！

### オオスズメバチ 🧪🧪🧪
世界最大のスズメバチで、毒の量が多くとても危険です。おしりの毒針で刺されると激痛が走ります。毎年、多くの事故がおきており、「アナフィラキシーショック」というアレルギー症状で死亡することもあります。■スズメバチ科 ■27〜44mm ■北海道〜九州、対馬、屋久島 ■毒針

オオスズメバチはおもに地中に巣をつくります。

軒下など、人家の近くに巣をつくることが多いので要注意です。

### キイロスズメバチ 🧪🧪
町のなかでも見られるスズメバチで、とても攻撃的です。刺されると激痛が走り、みるみるはれてきます。場合によってはアレルギーをおこし呼吸困難になって死亡することがあります。■スズメバチ科 ■17〜26mm ■北海道〜九州、屋久島 ■毒針

**見てみよう！ DVD** 危険！身近にせまる猛毒 キイロスズメバチ

### チャイロスズメバチ 🧪🧪
山の雑木林にすむスズメバチで、キイロスズメバチなどの巣をおそい、女王バチを殺して巣をのっとる習性があります。攻撃的で、刺されるとスズメバチのなかでもっともいたいといわれています。■スズメバチ科 ■17〜29mm ■北海道、本州 ■毒針

■分類 ■体の大きさ ■おもな生息地 ■危険なところ

## Q スズメバチの毒はどこから出るの?

**A** スズメバチはおしりの毒針から毒を注入します。人間が一度刺されると体に毒に対する抗体ができます。再度刺されたときには、体が過敏に反応して「アナフィラキシーショック」という急性のショック症状がおき、死にいたることがあります。

一度刺すと取れてしまうミツバチの針とちがい、何度でも刺せるのがスズメバチの針の特ちょうです。

### ヒメスズメバチ 🧪🧪

ヒメという名前ですが、オオスズメバチの次に大きいスズメバチです。攻撃性が低く、刺される事故はあまりおきません。毒もスズメバチのなかでは弱いほうです。■スズメバチ科 ■25〜35mm ■本州〜九州、南西諸島 ■毒針

## 攻撃性の高い外来スズメバチ!

軒下や木など、さまざまな場所に巣をつくり、生息範囲を広げます。

### ツマアカスズメバチ 🧪🧪

本来は東南アジアに分布するスズメバチですが、韓国やヨーロッパなどの各地に外来種として侵入し、日本でも対馬で見つかっています。攻撃性が高く、とくにミツバチを好んでおそう習性があります。■スズメバチ科 ■20〜30mm ■中国南部、東南アジア、インド北部(自然分布) ■毒針

陸地の猛毒生物 ハチ

### モンスズメバチ 🧪🧪
雑木林にすむスズメバチで、樹液などに集まります。毒はそれほど強くありませんが、夜も活動するため、夜間に刺される事故がおきることがあります。■スズメバチ科 ■19〜28mm ■北海道〜九州 ■毒針

子どものために、えものの肉をまるめてだんごのようにして、巣に運びます。

---

**見てみよう! DVD 危険！ 身近にせまる猛毒 セイヨウミツバチ**

### ニホンミツバチ 🧪🧪
刺されるといたみとともに赤くはれあがります。1匹の毒の量はあまり多くないのですが、集団におそわれてたくさん刺された場合は命の危険があります。アレルギー症状による死亡例もあります。■ミツバチ科 ■12〜13mm ■北海道〜九州、南西諸島 ■毒針

---

**見てみよう! DVD 危険！ 身近にせまる猛毒 コガタスズメバチ**

### コガタスズメバチ 🧪🧪
庭の木や軒下に巣をつくるもっとも身近なスズメバチです。そのため人間との事故がおきやすくなっています。刺されるとはげしいいたみとともに頭痛がおきることがあります。■スズメバチ科 ■21〜29mm ■北海道〜九州、南西諸島 ■毒針

■分類 ■体の大きさ ■おもな生息地 ■危険なところ

## アフリカナイズドミツバチ（キラービー） 🧪🧪🧪

アフリカミツバチとセイヨウミツバチを人工的に交配した種です。攻撃性がとても高く、集団でおそってきます。死亡例もあります。　■ミツバチ科　■10〜20㎜　■ブラジル、オーストラリア、アメリカ　■毒針

### 危険!! EX 猛毒情報

### 人間がハチに刺されたら……

ハチの毒針のいたさはすさまじく、スズメバチ科のアシナガバチに刺されたいたみを「切り傷に塩酸をかけられたようないたみ」と表現する人もいます。また、いたみだけでなく、死にいたる危険性もあるので、対処法も知っておきましょう。

アシナガバチのなかま。

### その場でできる応急処置

刺された箇所をつまんで毒液を出しながら水で洗い流します。ステロイドなんこうがあれば、ぬってから冷やすとよいでしょう。そのあとすぐに病院へ向かいましょう。

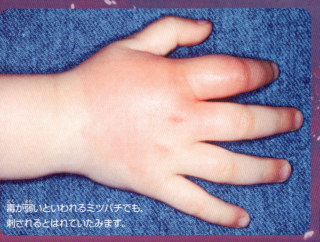

毒が弱いといわれるミツバチでも、刺されるとはれていたみます。

### アナフィラキシー症状の応急処置

アナフィラキシー補助治療剤「エピペン」

太ももの前外側に注射してショック症状をおさえたら、病院に行きます。

できたての巣はクリーム色をしています。大きな巣はまだらもようになります。

27

# アリ

陸地の猛毒生物 アリ

> ⚠ **今泉のチェックポイント**
> 日本のアリは人間を殺すほどの毒をもっていないけど、世界にはさまざまな猛毒アリがいる。2017年に日本で確認された外来種のヒアリもそのひとつだ！

## ヒアリ 🧪🧪🧪

南アメリカ原産ですが荷物にまぎれて世界各地に侵入しており、日本でも見つかっています。おしりに針があり、刺されると焼けるようにいたむことから火アリの名前がつきました。人間が刺されるとアナフィラキシーショックで死亡することがあります。🟢アリ科 🔴4mm 🟣南アメリカ（自然分布）🔵毒針

**見てみよう！ DVD 猛毒ニュース　猛毒のヒアリついに日本上陸！**

ヒアリは、大雨で流されそうになると、集団でいかだをつくり、水に浮いてやりすごします。

🟢分類 🔴体の大きさ 🟣おもな生息地 🔵危険なところ

## サシハリアリ 🧪🧪

ジャングルにすむ巨大なアリで、刺されると世界のどのアリやハチよりもいたいとおそれられています。敵に対しては、おしりにある針で刺して身を守ります。🟩アリ科 🟥25mm 🟪中央アメリカ～南アメリカ 🟦毒針

### 危険!! EX 猛毒情報 — 恐怖の弾丸アリ

サシハリアリは「バレットアント(弾丸アリ)」とも呼ばれています。針で刺されると銃でうたれたくらいのいたみと衝撃をうけ、まるで太いくぎを刺されたかのようにいたむそうです。

## キバハリアリ 🧪

ブルドッグアリとも呼ばれます。ひじょうに攻撃的で巣に近づくと集団でおそってきて、するどい大きなあごでかみついたり、おしりの毒針で刺したりします。アレルギー症状によって死亡することもあります。🟩アリ科 🟥8～25mm 🟪オーストラリア 🟦毒針

# 蟻酸を飛ばす危険なアリ集団！

## ヨーロッパアカヤマアリ 🧪

森のなかに高さ30cmほどのアリ塚をつくっています。塚をこわすと数万匹のはたらきアリが出てきて、おしりの先から蟻酸と呼ばれる毒液を噴射します。蟻酸が皮ふにかかると赤くただれてしまいます。🟩アリ科 🟥4.5～9mm 🟪ヨーロッパ 🟦蟻酸

おしりの先を上に向けて蟻酸を噴射しています。

29

陸地の猛毒生物

チョウ・ガ

# チョウ・ガ

**! 今泉のチェックポイント**

うでや首に毛虫が落ちてくると、刺されて赤くなるが、あれは毛虫の毒針毛（毒を出すとげ）によるものなのだ。世界にはその毒を強烈にしたおそるべき毛虫がいるぞ！

### フランネルモス 🧪

ふさふさの毛の下には猛毒を出す毒針毛がかくれています。刺されるとまるで骨が折れたのかと思うほどの激痛が走るという人もいます。また、はき気や頭痛などの症状があらわれることがあります。■メガロピゲイラガ科 ■40mm（終齢幼虫）■北アメリカ南部 ■毒針毛

### ナンベイヤママユガ 🧪🧪🧪

毛虫のなかでもっとも強い毒をもつといわれています。命の危険がある出血毒です。南米のさまざまな国にいます。■ヤママユガ科 ■50mm（終齢幼虫）■ブラジル、アルゼンチン、ウルグアイ、パラグアイ ■毒針毛

■分類 ■体の大きさ ■おもな生息地 ■危険なところ

# 猛毒のふしぎ

## 天敵にとっては猛毒生物!?

オオカバマダラなど、いくつかのチョウは毒をもっているが、チョウの毒は人間にはあまり影響がないので、猛毒生物だと思うことはない。しかし、チョウを捕食する鳥などの生きものにとっては、これらの生きものはおそるべき猛毒生物だ！

オオカバマダラの幼虫とトウワタの花。

### オオカバマダラ🧪
幼虫のときに毒のあるトウワタという植物を食べて、体にアルカロイド系の毒をたくわえます。この毒は成虫になっても体の中にあり、鳥が食べると苦しみだしてはき出します。
■タテハチョウ科 ■50mm ■北アメリカ、南アメリカ ■毒のある体

## 体内に神経毒をもつ！

### ツマベニチョウ🧪
鱗粉や体にイモガイ(→54ページ)と同じコノトキシンという神経毒をもっています。この毒はさわっただけでは危険はありませんが、体の中に入ると毒性があらわれます。
■シロチョウ科 ■40～55mm ■九州、南西諸島、東南アジア ■毒のある体

幼虫時代に植物から毒をたくわえます。

陸地の猛毒生物

クモ

# クモ

**!今泉のチェックポイント**
クモは毒をもつ種が多い。南アメリカやアフリカで見られる大きな毒グモや、アジアにいる小さな毒グモまで、そのすがたはさまざまだ！

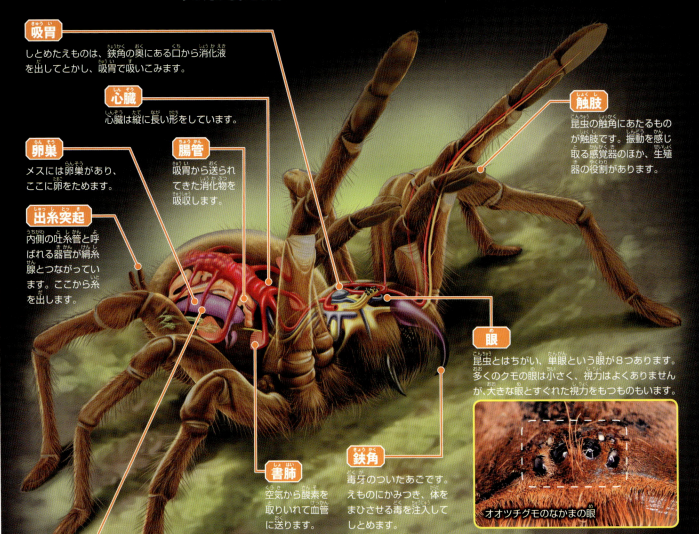

**吸胃**
しとめたえものは、鋏角の奥にある口から消化液を出してとかし、吸胃で吸いこみます。

**心臓**
心臓は縦に長い形をしています。

**卵巣**
メスには卵巣があり、ここに卵をためます。

**腸管**
吸胃から送られてきた消化物を吸収します。

**出糸突起**
内側の吐糸管と呼ばれる器官が絹糸腺とつながっています。ここから糸を出します。

**触肢**
昆虫の触角にあたるものが触肢です。振動を感じ取る感覚器のほか、生殖器の役割があります。

**眼**
昆虫とはちがい、単眼という眼が8つあります。多くのクモの眼は小さく、視力はよくありませんが、大きな眼とすぐれた視力をもつものもいます。

オオツチグモのなかまの眼

**鋏角**
毒牙のついたあごです。えものにかみつき、体をまひさせる毒を注入してしとめます。

**書肺**
空気から酸素を取りいれて血管に送ります。

**絹糸腺**
糸をつくります。

**体毛**
聴毛と呼ばれる毛があり、空気の流れやえものの羽音などを感じ取ります。

## ルブロンオオツチグモ
世界最大級のクモです。かまれるとスズメバチに刺されたときのようにいたみますが、命を落とすことはありません。腹部に刺激毛があり、危険がせまるとあしでこすって飛ばします。この毛が目に入るとかゆみがとまりません。■オオツチグモ科 ■100mm ■南アメリカ北部 ■毒牙

■分類 ■体の大きさ ■おもな生息地 ■危険なところ

鳥をおそって食べることもあるため、ゴライアスバードイーターとも呼ばれています。

32

### フリンジドオーナメンタル 🧪🧪
スリランカの森にすむ樹上性のタランチュラです。ペットとして飼われているクモが指をかむ事故がおきています。毒ではげしくいたみますが、死亡することはふつうありません。●オオツチグモ科 ●80mm ●スリランカ ●毒牙

### クロドクシボグモ 🧪🧪🧪
毒牙から強い神経毒を出す毒グモです。かまれると激痛が走り、呼吸困難となって命を落とすことがあります。家の中で気づかずにふんで、かまれる事故などがおきています。●シボグモ科 ●15～40mm ●ブラジル、アルゼンチン北部 ●毒牙

### キングバブーンスパイダー 🧪🧪
アフリカにすむ大型の毒グモです。とても攻撃的でうでを高くもち上げながらカチカチと音を出して威嚇します。タランチュラのなかでは毒が強いほうで、かまれると数時間はいたみとともに筋肉のまひがおこります。●オオツチグモ科 ●80mm ●東アフリカ ●毒牙

### Q タランチュラって危ないクモなの?
**A**「タランチュラ」は、特定の種のクモの名前ではなくて、オオツチグモ科のクモや、見た目がそれとにたクモたちの通称です。これらのなかまには、じつはあまり毒が強くないものや、毒をまったくもたないものもいます。また、南アメリカやカンボジアの一部の地域では食用にもされています。

陸地の猛毒生物

クモ

### シドニージョウゴグモ 🧪🧪🧪
特に毒牙が大きいオスは危険で、ロブストキシンという人間やサルなどに害をあたえる特殊な毒をもっています。かまれると心臓まひをおこし命を落とす危険がありましたが、いまは血清があるため死亡事故はめったにおきません。■ジョウゴグモ科 ■50mm ■オーストラリアのシドニー周辺 ■毒牙

ススキの葉を丸めて巣をつくります。

### カバキコマチグモ 🧪🧪
日本でもっとも強い毒をもつクモです。かまれると焼けるようないたみがあり、しばらくははれがひきません。かんだときに出す毒の量があまり多くないため、人が死ぬことはふつうありません。■フクログモ科 ■3〜10mm ■北海道〜九州 ■毒牙

### ドクイトグモ 🧪🧪🧪
皮ふを壊死させる毒をもっています。かまれたときのいたみはチクッとするくらいですが、しばらくするとはげしくいたみだし、12時間後には皮ふが腐りはじめます。高齢者や子どもでは死亡例があります。■イトグモ科 ■15mm ■北アメリカ南部 ■毒牙

■分類 ■体の大きさ ■おもな生息地 ■危険なところ

## 猛毒ニュース セアカゴケグモ すっかり日本に定着!?

### セアカゴケグモ 🧪🧪🧪
もとはオーストラリアのクモですが、日本にも侵入しすみついています。かまれた直後はいたくないのですが、やがて激痛になります。治療をしないと重症になることがあります。■ヒメグモ科 ■3.5～10mm ■オーストラリア ■毒牙

背中には黄色のもようがあります。

### ジュウサンボシゴケグモ 🧪🧪🧪
かまれると針で刺されたようないたみがありますがすぐにおさまり、しばらくするとにぶいたみがあらわれます。重症化すると全身にはげしい筋肉痛やけいれんがあらわれます。死亡例もあります。■ヒメグモ科 ■15mm ■地中海沿岸、中央アジア ■毒牙

### ハイイロゴケグモ 🧪🧪
外来種として日本にもすみついています。α-ラトロキシンという神経毒をもっていますがあまり強くありません。かまれるといたみや赤くはれる症状があらわれます。■ヒメグモ科 ■2.5～10mm ■オーストラリア、中央アメリカ、南アメリカ、太平洋諸島 ■毒牙

## Q 真っ青なタランチュラがいるって本当?

**A** タランチュラと呼ばれるクモのなかまのなかに、美しい青い体をもつ種がいることが知られています。体が青い理由はまだよくわかっていませんが、全身が青いクモは決してめずらしいわけではなく、数種類いるため、なにかの役割をはたしているのではないかと考えられています。

腹側から見たグーティサファイアオーナメンタル。

コバルトブルータランチュラ。

35

陸地の猛毒生物 サソリ

# サソリ

**!今泉のチェックポイント**
サソリは体は小さいが、人間を死にいたらしめるほど危険な毒をもっている種もいる。するどいはさみも危険だが、毒はすべて尾の先の毒針から注入されるので、尾に要注意だ!

## ジャイアントデスストーカー 🧪🧪
尾の先の毒針から強い神経毒を出し、刺されるとはげしくいたみます。大人が亡くなることはふつうはありませんが、小さな子どもだと命の危険があります。また、毒液をいきおいよく飛ばす習性があり、目に入ると危険です。■キョクトウサソリ科 ■15cm ■アフリカ南東部 ■毒針、毒液

### 事件のあらまし
毒サソリはふだん毒を使って昆虫などを狩っています。しかし、空からおそってくる鳥やサソリの毒がきかないミーアキャットなど、天敵も多いのです。ネコ科のサーバルも天敵です。すばやい動きで毒ヘビの攻撃をかわすことができるサーバルは、毒サソリの毒の攻撃も同じようにかわして、じまんのパンチでたたき殺してしまいます。

## 毒サソリをおそうすばやい天敵!

サーバルなどのすばやい相手には毒の攻撃もかわされて、おそわれてしまう。

### サーバル
サバンナにすむあしの長いネコです。ネズミや昆虫、鳥がおもなえもので、長い前あしを使って猛烈なスピードでパンチをくりだし、毒のあるサソリも食べてしまいます。■ネコ科 ■67〜100cm ■サハラ砂漠以南のアフリカ ■きば、つめ

■分類 ■体の大きさ ■おもな生息地 ■危険なところ

見てみよう！ DVD SASORI 愛の劇場 ラングドックサソリ

### キイロオブトサソリ
🧪🧪🧪

世界でもっとも危険なサソリのひとつで、強い神経毒をもっています。毒針に刺されると、のどが硬直してしゃべれなくなり、しだいに筋肉がまひして呼吸困難になり、最悪の場合は命を落とすことがあります。●キョクトウサソリ科 ■6.5㎝ ■アフリカ北部、中東 ■毒針

交尾のときははさみを使って相手をおさえます。

## 危険!! EX 猛毒情報
### サソリの毒の強さは？

「デスストーカー」と呼ばれる中東～アフリカの猛毒サソリに刺されると、強烈な神経毒でのどがまひして、うまくしゃべれなくなり、体のまひ、おう吐、筋肉のけいれんがおきます。キイロオブトサソリなど、子どもだと死亡率が60％に達する種もいます。

「デスストーカー」と呼ばれることもある猛毒サソリ、シナイデザートスコーピオン。

陸地の猛毒生物

ムカデ

# ムカデ

!今泉のチェックポイント
毒をもつムカデは日本にもいるぞ！頭部の地面側にあごがあり、かまれると毒を注入されるため危険だ。

## ペルビアンジャイアントオオムカデ

世界最大のムカデで30cmをこえることもあり、小さな鳥やコウモリをとらえることもあります。強い毒をもっていて、かまれるとはげしくいたみます。漢字では「百足」と書きますが、オオムカデのなかまのあしは21対42本です。■オオムカデ科 ■20〜30cm ■南アメリカ ■毒牙

### 危険!! EX 猛毒情報 — 人間がムカデにかまれると…

ペルー、チリ、ブラジルなどの南アメリカに生息するオオムカデは毒性が高く、子どもが首をかまれると死亡することもあります。日本のムカデはそれよりは弱い毒ですが、かまれるとはげしいいたみや発熱があり、手当てが悪いとかまれたところが壊死することもあります。

■分類 ■体の大きさ ■おもな生息地 ■危険なところ

## 毒をもつ世界最大のムカデ

**アオズムカデ**
平地や山地に生息するムカデです。毒はあまり強くありませんが、かまれるとはれて発熱することもあります。■オオムカデ科 ■6～10cm ■本州、四国、九州、南西諸島 ■毒顎

アオズムカデのあご。

**トビズムカデ**
日本最大級のムカデで、えものの昆虫を追いかけて人家まで入りこむことがあります。かまれるとはげしくいたみます。■オオムカデ科 ■8～15cm ■本州、四国、九州、南西諸島 ■毒顎

# ほ乳類

**!今泉のチェックポイント**
わたしたち人間と同じほ乳類にも毒をもつ種がいる。かわいいけれど危険な一面もあることを知っておこう！

### ジャワスローロリス🧪
東南アジアの森に生息する、樹上でくらすサルのなかまです。毒を体にぬってダニなどの寄生虫が付くのを防いだり、かみついて敵から身を守るときに利用します。 ■ロリス科 ■21㎝ ■インドネシア ■口の中の毒

### Q ほ乳類はどこに毒をもっているの？

**A** クモやサソリのように決まった部位に毒をもつわけではありません。ジャワスローロリスは、前あしのリンパ節から出る液体とだ液を口の中で混ぜることで毒をつくります。一方、ソレノドンやトガリネズミは毒をふくむだ液を前歯から流しこむことができます。それぞれがもつ毒の成分もちがいます。

### ハイチソレノドン🧪
ネズミなどのえものを弱らせる毒がだ液にふくまれていて、かみついたときに特別な溝がある歯から毒液を体に送りこみます。まぼろしの動物で絶滅が心配されています。 ■ソレノドン科 ■28～33㎝ ■イスパニョーラ島（カリブ海） ■だ液

### ブラリナトガリネズミ🧪🧪
だ液に毒がふくまれていて、えもののカタツムリや昆虫にかみつき弱らせるために使います。1匹の毒で200匹のネズミを殺すのに十分な強さがあります。 ■トガリネズミ科 ■7.5～11㎝ ■北アメリカ中部～東部 ■だ液

■分類 ■体の大きさ ■おもな生息地 ■危険なところ

## Q 鳥類に毒をもつなかまがいるって本当?

**A** ズグロモリモズやカワリモリモズ、ズアオチメドリ、チャイロモズツグミなど、ニューギニア島にすむ鳥は敵から身を守るための毒をもっています。これらの鳥の羽毛や筋肉にはホモバトラコトキシンというステロイド系の猛毒があり、毒をもつ昆虫を食べることによって体にたくわえると考えられています。

### ズグロモリモズ 🧪

いちばん強い毒をもっている鳥です。羽毛や筋肉にホモバトラコトキシンという神経毒があり、さわると手がしびれます。黒とオレンジ色のはでな体色は毒があることを警告しています。 ■コウライウグイス科 ■22〜23㎝ ■ニューギニア島 ■羽毛や筋肉の毒

頭が黒いので「頭黒」という名前が付いています。

カワリモリモズもニューギニア島の森に生息します。

## なぞの多い有毒ほ乳類！

### カモノハシ 🧪

オスの後ろあしにあるけづめから毒が出て、縄張りあらそいのときに使うと考えられています。毒の強さはイヌが死んでしまうほどで、人間が死ぬことはありませんが、強烈ないたみにおそわれます。 ■カモノハシ科 ■45〜60㎝ ■オーストラリア東部、タスマニア島 ■けづめ

後ろあしのつけねに毒を出すけづめが付いています。

# 水辺・海の猛毒生物
## カエル

### 🚨 今泉のチェックポイント
カエルの毒はおもに皮ふにある。攻撃をするための毒ではないのでさわらなければどうということはない。きれいな色のカエルは毒をもっていることが多いので注意しよう！

### 事件のあらまし
🔍 カワウソネコとも呼ばれるジャガランディは、水辺の生きものをおそいます。ふだんは毒をもつヤドクガエルのなかまなどはおそわないよう気をつけていますが、狩りの失敗が続き空腹のとき、ついに手を出してしまいます。しかし、ヤドクガエルの毒は強力！ 口に入れたところで猛毒の危険を感じてすぐに吐きだしてしまいます。

**ジャガランディ**
森の中の水辺などでえものを探すネコのなかまです。泳ぎが得意でネズミなどの小型ほ乳類や魚、昆虫、カエルなどを食べます。
🟩ネコ科 🟥50.5〜77cm 🟪北アメリカ南部〜南アメリカ北部 🟦きば、つめ

猛毒で身を守ったイチゴヤドクガエル。

**イチゴヤドクガエル** ☠☠
イチゴのような赤色をしているのでこの名前が付きましたが、緑や青など、いろいろな色のカエルがいます。皮ふにはプミリオトキシンという猛毒があり、体に入ると心不全などをひきおこすことがあります。🟩ヤドクガエル科 🟥2〜2.4cm 🟪ニカラグア南東部〜パナマ北西部 🟦皮ふの毒

**見てみよう！ DVD** さわるな！ にじみ出す猛毒 イチゴヤドクガエル

### Q カエルの毒は体のどこでつくられるの？

**A** パナマに生息するヤドクガエルのなかまはバトラコトキシンなどの毒を食べ物から取りいれています。毒成分のもととなるえものは、生息地にいるアリ、ヤスデ、テントウムシ、ダニ、そのほか小さな昆虫などであるということがわかっています。では、えものがちがったらどうなるのでしょうか。見た目が美しいため、ヤドクガエルはペットとして飼育されていますが、ショウジョウバエやコオロギなどの毒のない食べ物をあたえたヤドクガエルは毒をもちません。

ヤドクガエルと同じ毒成分プミリオトキシンをもつオトヒメダニのなかま。

🟩分類 🟥体の大きさ 🟪おもな生息地 🟦危険なところ

### アイゾメヤドクガエル 🧪🧪
ヤドクガエルのなかまの最大種です。プミリオトキシンというアルカロイド系の毒をもっており、このカエルを食べた動物は筋肉がまひして動けなくなります。■ヤドクガエル科 ■4.5〜6㎝ ■ギアナ〜ブラジル北東部 ■皮ふの毒

### マダラヤドクガエル 🧪🧪
生息地によって体の色や模様にさまざまなタイプがあります。ほかのヤドクガエル同様に、アルカロイド系の毒を皮ふから分泌させ身を守ります。■ヤドクガエル科 ■3.2〜4.2㎝ ■ニカラグア南東部〜コロンビア北西部 ■皮ふの毒

見てみよう！ さわるな！ にじみ出す猛毒
DVD マダラヤドクガエル

### キオビヤドクガエル 🧪🧪
アルカロイド系の毒を皮ふから分泌します。毒は、アリを食べることで体にたくわえます。ヤドクガエルのなかまでこの種だけが乾期に休眠する習性があります。■ヤドクガエル科 ■3〜4㎝ ■南アメリカ北部 ■皮ふの毒

### コバルトヤドクガエル 🧪🧪
南アメリカ・スリナムのせまい範囲にだけ生息するヤドクガエルのなかまです。アリを食べることで体に毒をたくわえ、皮ふから分泌し身を守ります。アイゾメヤドクガエルと同種という説があります。■ヤドクガエル科 ■4〜4.8㎝ ■スリナム ■皮ふの毒

水辺・海の猛毒生物 カエル

### アシグロフキヤガエル 🧪🧪
猛毒のバトラコトキシンをつねに皮ふから分泌しているので、さわるだけでも危険です。強い神経毒のため、体に入ると心不全をおこして死んでしまいます。■ヤドクガエル科 ■3.5〜4.2cm ■コロンビア ■皮ふの毒

### ココエフキヤガエル 🧪🧪
モウドクフキヤガエルのつぎに強い毒をもっています。毒は神経毒のバトラコトキシンで、わずかな量でも体に入ると、筋肉がまひし、心臓の動きを止めてしまいます。■ヤドクガエル科 ■3cm ■コロンビア ■皮ふの毒

### モウドクフキヤガエル 🧪🧪🧪
ヤドクガエルのなかまでいちばん強力な毒をもつカエルです。猛毒のバトラコトキシンをつねに皮ふから分泌して身を守ります。その強さは1mgでネズミ1万匹を殺すほどの猛毒です。■ヤドクガエル科 ■4.5〜4.7cm ■コロンビア ■皮ふの毒

矢を体におしつけて毒をぬりつけます。

カエルの毒をぬった吹き矢を狩りに使っていました。

■分類 ■体の大きさ ■おもな生息地 ■危険なところ

**オオヒキガエル** 🧪🧪🧪
刺激をうけると、目の後ろの耳腺からブフォトキシンという白い毒液を出します。この毒が犬などの口に入ると死んでしまうことがあります。アメリカのカエルですが、石垣島や小笠原諸島では野生化している外来種です。■ヒキガエル科 ■15〜20cm ■北アメリカ南部〜南アメリカ北部、日本（移入） ■目の後ろから出る毒

耳腺がぷっくりとふくらんでいる状態です。

## Q 毒ガエルをまねするカエルがいるの？

**A** ほかの生きものや植物などにそっくりになることを「擬態」といいます。カエルのなかまには、毒をもつヤドクガエルに擬態することで、天敵の鳥などに食べられなくなっている種が見つかっています。エクアドルのアマゾン川流域に生息するヤドクガエルのなかまは、毒をもたない種が毒をもつ種に擬態していて、見分けがつかないほど見事です。

毒をもつヤドクガエルの一種。

毒をもたないヤドクガエルの一種。

# イモリ

水辺・海の猛毒生物 イモリ

### ⚠️ 今泉のチェックポイント

イモリもカエルと同じで積極的に毒を使うタイプではない。数すくない種が毒をもつが、その毒は強烈だ。めったなことがない限り人間に被害はないが、毒のある種をおぼえておこう。

## 事件のあらまし

🔍 サメハダイモリやカリフォルニアイモリなどの毒をもつイモリは、体を反らせておなかの警戒色を見せることで、毒をもつことを敵にしめします。しかし、ときにそのような行動をするひまもなく、カエルなどに食べられてしまうこともあります。その場合、残念なのはカエルのほうで、いったんは口に入れたものの、イモリの毒が体にまわり、食べたカエルが死んでしまいます。

**DVD 見てみよう！ さわるな！ にじみ出す猛毒 サメハダイモリ**

### サメハダイモリ 🧪🧪🧪

強力な神経毒であるテトロドトキシンを皮ふから分泌しているので、これをきらう天敵は、サメハダイモリを食べません。生息地によって毒の強さにちがいがあり、バンクーバー島のものはほとんど無毒です。 🟢イモリ科 🔴17〜21cm 🟣北アメリカ北西部 🔵皮ふの毒

尾をくねらせて水中を泳ぐこともできます。

### ウシガエル

大きなカエルで、動くものならばなんでも食べてしまいます。日本では食用にするためにもちこまれたものが野生化しています。 🟢アカガエル科 🔴12〜18.5cm 🟣カナダ南東部〜メキシコ北東部／日本各地（移入）

食べられたと思ったら、毒がまわったカエルの口から出てきたサメハダイモリ。

🟢分類 🔴体の大きさ 🟣おもな生息地 🔵危険なところ

### カリフォルニアイモリ 🧪🧪🧪

サメハダイモリと同じなかまで、神経毒のテトロドトキシンを皮ふから分泌して身を守ります。しかし、ガーターヘビだけは毒に対する耐性があり食べられてしまいます。■イモリ科 ■13～20cm ■アメリカ・カリフォルニア州 ■皮ふの毒

### ファイアサラマンダー 🧪🧪

皮ふからアルカロイド系のサマンダリンと呼ばれる強い神経毒を出します。毒が体内に入ると筋肉のまひや血圧上昇がおこり、とても危険です。■イモリ科 ■15～25cm ■ヨーロッパ ■皮ふの毒

さまざまなもようの個体がいるため、ペットとしても親しまれています。

### Q 日本のイモリは毒をもっているの？

A 日本でよく見られるアカハライモリは、猛毒イモリと同じく、フグ毒として有名なテトロドトキシンをもつことで知られています。しかし、アカハライモリの毒はかなり弱いため、イモリをさわったその手ですぐに目をこすったりしなければ被害にあうことはないでしょう。

おなかが赤いのでアカハライモリと呼ばれています。

47

# クラゲ

水辺・海の猛毒生物 / クラゲ

> ⚠ **今泉のチェックポイント**
> 海水浴やダイビングでクラゲに刺される事故がある。少しいたい思いをするくらいの弱い毒のクラゲならまだよいが、命にかかわる猛毒クラゲもいるんだ。

## オーストラリアウンバチクラゲ 🧪🧪🧪

学名の一部を取って「キロネックス」と呼ばれることが多いクラゲです。触手の1本ずつに約5000個の刺胞があり、1匹で60人以上を殺せる猛毒をもっています。「ウンバチ」は海のハチという意味です。　■ネッタイアンドンクラゲ科　■3m（長さ）　■インド洋南部～オーストラリア西海岸　■刺胞

## Q クラゲの毒はどこから出るの？

**A** クラゲは、「刺胞」と呼ばれる針の入った袋のような細胞をもっています。触手などにふれると、その刺激で刺胞から針が飛び出します。針には糸が付いていて、その糸を通って毒が相手に流れこみます。クラゲの刺胞はおもに触手にありますが、種類によって、かさの部分などにも刺胞があります。

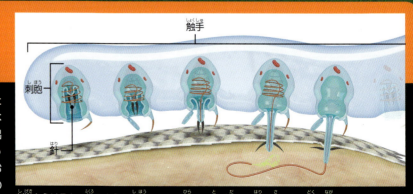

刺激をうけると、袋のような刺胞のふたが開き、飛び出した針が刺さり、毒が流れこみます。

■分類　■体の大きさ　■おもな生息地　■危険なところ

## 危険!! EX 猛毒情報
### 人間がキロネックスに刺されると……

猛毒で有名なクラゲです。水中で刺されると、ショック死することもあるというくらいのいたみがあり、針で刺されたところはミミズばれになります。毒が体内にまわると、体がまひし、息ができなくなったり、心臓がとまったりして死んでしまいます。

ビーチにはクラゲ注意の標識や、手当てできる準備がしてあります。

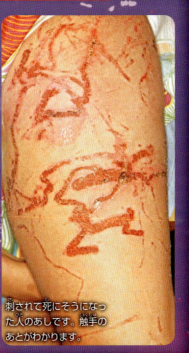

刺されて死にそうになった人のあしです。触手のあとがわかります。

### カツオノエボシ 🧪🧪🧪
強い毒をもっていて、刺されると電気に打たれたようにビリビリといたむので「電気クラゲ」とも呼ばれます。刺されて死亡した例もあり、海岸に打ち上げられたものでも、さわると危険です。クダクラゲのなかまで、小さな生きものが集まったようなもので「群体」と呼ばれます。
■カツオノエボシ科 ■10m(長さ) ■世界中の温帯、熱帯の海 ■刺胞

### アマクサクラゲ 🧪🧪
日本のあたたかい海、特に九州の天草地方に多いクラゲです。触手だけでなくかさにも、強い毒をもつ刺胞のかたまりがあります。■オキクラゲ科 ■8cm(かさの直径) ■本州中部以南/西太平洋〜インド洋 ■刺胞

### ハブクラゲ 🧪🧪🧪
浅い海の底にいる、透明で見えにくいクラゲです。刺されると強いいたみがあります。猛毒をもちますが、キロネックスに刺されたときの治療に使う血清で、命を守ることができます。■ネッタイアンドンクラゲ科 ■10cm(かさの直径) ■沖縄/西太平洋〜インド洋 ■刺胞

# イソギンチャク

> **！ 今泉のチェックポイント**
>
> イソギンチャクもクラゲと同じように「刺胞」をもっていて、毒針に刺されると、いたい思いをする。注意が必要な生きものだ。

### Q イソギンチャクの毒はどこから出るの？

**A** イソギンチャクもクラゲと同じように、毒針の入った袋のような「刺胞」をもっています。0.01～0.1mmと、とても小さいものです。イソギンチャクの刺胞は、触手だけでなく、体の表面の突起や体内にもあります。刺激によって刺胞から毒針が飛び出す仕組みもクラゲと同じですが、針が相手に深く刺さるもの、触手が表面に巻きつくものなどの種類があります。

**ウンバチイソギンチャク** 🧪🧪🧪
イソギンチャクのなかで、もっとも危険な毒をもつ種のひとつです。刺されたところが強烈にいたみ、その部分の細胞が壊死します。 ●カザリイソギンチャク科 ■15～25cm ●沖縄以南／西太平洋～インド洋 ●刺胞

**見てみよう！ DVD そこにいる！ 海にひそむ猛毒 ハナブサイソギンチャク**

**ハナブサイソギンチャク** 🧪🧪🧪
サンゴのウミトサカとまちがえてさわる人が多く、刺される事故の多いイソギンチャクです。刺されるとはげしくいたみ、水ぶくれになります。いたみが引いたあとも、かゆみが長くつづきます。ひどい場合はおなかがいたくなったり、吐いたり、けいれんをおこしたりします。 ●ハナブサイソギンチャク科 ■20cm ●南日本以南／オーストラリア ●刺胞

**マウイイワスナギンチャク** 🧪🧪🧪
サンゴのなかまのイワスナギンチャクには、刺胞はありません。刺すことはありませんが、猛毒をもっています。なかでも生物界最強の毒をもっているのが、マウイイワスナギンチャクです。誤って食べたり、傷がある手でふれて、傷口から毒が体内に入ったりすると、命を落とします。 ●イワスナギンチャク科 ■3.5cm ●ハワイ諸島の海 ●粘液

●分類　■体の大きさ　●おもな生息地　●危険な部位

## 猛毒のふしぎ

# 人間には弱い毒でも強力な武器!?

イソギンチャクの刺胞から飛び出す針には毒がありますが、人間に対して「猛毒」というほど強いものは、多くはありません。でも、その毒は、イソギンチャクが狩る生きものたちにとっては「猛毒」で、強力な武器になるのです。

**ミドリイソギンチャク**
刺されるとかゆくなるくらいの、弱い毒があります。写真はヤドカリを食べています。●ウメボシイソギンチャク科 ●3〜7cm ●北海道〜九州 ●刺胞

**ウメボシイソギンチャク**
ウメボシイソギンチャク同士で、毒針を使ってけんかをすることがあります。小さな魚をとらえて食べます。●ウメボシイソギンチャク科 ●3cm ●本州中部〜九州 ●刺胞

**ヨロイイソギンチャク**
体の表面のイボに小さな石や貝殻のかけらなどをくっつけて、岩のくぼみや割れ目などにいます。●ウメボシイソギンチャク科 ●約5cm ●本州以南 ●刺胞

**パラオ・ジェリーフィッシュレイクのイソギンチャク**
太平洋の島国パラオに、ジェリーフィッシュレイクと呼ばれる、クラゲが多くすむ塩湖があります。そこに、ゴールデンジェリーフィッシュと呼ばれるタコクラゲのなかまを食べる、この地域にしかいないイソギンチャクがいます。●ウメボシイソギンチャク科 ●パラオ ●刺胞

51

# タコ・貝

水辺・海の猛毒生物

タコ・貝

> ⚠ 今泉のチェックポイント
> タコのなかまは、8本の腕でえものをおさえこみ、腕のまんなかにある口でかみついて食べる。猛毒をもつタコは、このとき、だ液にまざった毒で、えものをしびれさせているのだ。

見てみよう！ DVD そこにいる！ 海にひそむ猛毒 ブルーリングオクトパスのなかま

## ヒョウモンダコ ⚠⚠⚠

だ液に、フグと同じテトロドトキシンという猛毒があります。体表の線のような青いもようは、ふだんは目立ちません。

■マダコ科　●12cm　●西太平洋の熱帯・亜熱帯の海　■だ液

### Q ヒョウモンダコの毒はどこから出るの？

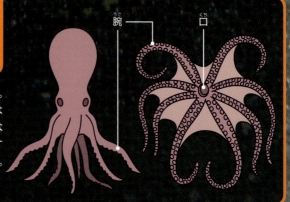

A ヒョウモンダコのなかまの毒は、だ液にまじっています。かみついて、えものをしびれさせるためです。タコの口は目の下にあるとんがったところではなく、体の下側、腕のまんなかにあります。猛毒をもつヒョウモンダコなどのほか、食用にするマダコも、だ液にえものをしびれさせる毒がまざっています。強い毒ではありませんが、かまれるとひどくいたみます。

●分類　●体の大きさ　●おもな生息地　■危険な部位

## 危険!! EX 猛毒情報 — 人間がヒョウモンダコのなかまにかまれると……

ヒョウモンダコのなかまの体に、きれいな青い輪のもようが出てきたら、おびえたり、興奮したりしているしるしです。かまれる危険があります。かまれたそのときは強いいたみはありませんが、10分ほどで、強い毒が体にまわり、しびれを感じはじめます。はげしいいたみが広がり、めまいや吐き気がして、体を動かせなくなったり、息をするのも苦しくなります。ひどいときは1時間半くらいの間に命を落とします。

体色を白や黄色に変えることができます。

### コマルモンダコ
強い毒をもっています。体表のもようの丸の大きさで、オオマルモンダコと見分けることができます。■マダコ科 ■5㎝ ■西太平洋の熱帯・亜熱帯の海 ■だ液

### オオマルモンダコ
体表に大きな丸いもようがある、ヒョウモンダコのなかまです。ヒョウモンダコにかまれた死亡事故というのは、じつは、オオマルモンダコによるものが多いと考えられています。■マダコ科 ■20㎝ ■インド洋〜西太平洋の熱帯の海 ■だ液

53

# 魚をねらうイモガイの猛毒！

### そこにいる！ 海にひそむ猛毒 イモガイのなかま

**アンボイナ** 🧪🧪🧪
相手をしびれさせ、まひさせる強い神経毒をもっています。魚やゴカイなどを、歯舌という毒針で刺してしとめます。人間が刺された場合、重症なときは約6時間以内に亡くなります。 ■イモガイ科 ■13cm（殻長） ■太平洋、インド洋 ■歯舌

吻が大きく広がって、袋のようにえものをおおいます。えものを中に閉じこめて食べます。

水管
吻
えものをねらっているアンボイナです。細長い吻から歯舌が飛び出します。
歯舌
ふだん吻は、貝の中にしまっています。

水辺・海の猛毒生物 タコ・貝

■分類 ■体の大きさ ■おもな生息地 ■危険な部位

## Q イモガイの毒はどこから出るの？

**A** アンボイナは、毒を使ってえものをしとめるイモガイのなかまです。細長くのびる吻から、歯舌を出します。歯舌は使わないときは貝の中にしまってありますが、このとき、体の中の毒のたまった袋に入れてあるともいわれています。

タガヤサンミナシのするどい歯舌に刺されると危険です。

水管

### タガヤサンミナシ
えものに近づいて、水管で触れてにおいを感じ取り、それから歯舌で毒を注入します。人間が刺されるとアンボイナと同様に危険です。●イモガイ科 ●11㎝（殻長）●太平洋、インド洋 ●歯舌

### ヒメジのなかま
日本〜台湾あたりの海に生息する魚です。あごひげのようなものが口の下に2本ついているのが特ちょうです。

### 危険!! EX 猛毒情報 　人間がアンボイナに刺されると……

アンボイナなどイモガイのなかまにさわると、刺される危険があります。毒は非常に強く、刺されると体がまひして、意識を失います。このとき人工呼吸などで呼吸を保てないと、命を失います。きれいな貝だと気軽にさわってはいけません。吻から遠いところをもったり、布を当ててもったりしても、吻を大きく曲げて刺してきます。

### 事件のあらまし

アンボイナは岩場のかげで眠っていたヒメジという魚のなかまをねらって近づきます。そして、小さな魚の体をおおうように吻を大きく広げて、逃げられないようにしてから歯舌で毒を注入！　ヒメジは忍びよる暗殺者になすすべもなくしとめられてしまうのです。

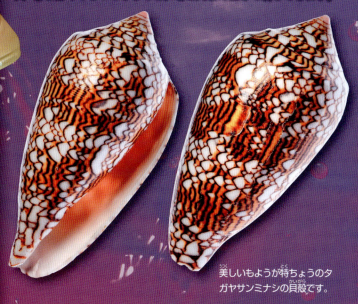

美しいもようが特ちょうのタガヤサンミナシの貝殻です。

55

# 魚類

**！今泉のチェックポイント**

エイのなかまは尾に毒のとげをもっているんだ。そのほかカサゴやオコゼのなかまなど、背びれや胸びれに毒のとげをもっている魚もいる。知らずに刺されるとひどい目にあう。

水辺・海の猛毒生物

魚類

## 海をうめつくす ムンクス・デビルレイの大群

© Florian Schulz / visionsofthewild.com

■分類 ■体の大きさ ■おもな生息地 ■危険なところ

### マダラエイ 🧪🧪

体のまだら模様が特ちょう的なエイのなかまで、大きく成長します。刺されるとはげしくいたみ、赤くはれ、熱が出ます。毒のとげはノコギリ状の歯がついていて、刺さると抜けにくいつくりをしています。■アカエイ科 ■1.8m（幅） ■本州中部以南　インド洋、西太平洋、南アフリカ ■尾の毒のとげ

浅瀬の砂や泥にもぐってえものを待ちぶせしています。まちがって踏まないように注意します。

### アカエイ 🧪🧪🧪

砂浜の近くでも見かける身近なエイのなかまですが、猛毒をもっています。刺されるとはげしいいたみと熱さを感じます。刺されたところは赤くはれ、吐いたり、下痢をしたり、熱が出たりします。体が動かなくなり、死んでしまうこともあります。■アカエイ科 ■88㎝（幅） ■北海道〜九州／東シナ海〜南シナ海 ■尾の毒のとげ

### ムンクス・デビルレイ 🧪🧪

ムンクス・デビルレイはイトマキエイのなかまです。繁殖期に、大群で移動することが知られています。写真で見ると、何層にも重なって大量のエイがいることがわかります。尾に毒のあるとげをもっています。■イトマキエイ亜科 ■2.2m（幅） ■カリフォルニア湾、エクアドル海岸、ガラパゴス諸島 ■尾の毒のとげ

ムンクス・デビルレイのオスは、海中から海上へ大きくジャンプします。メスへの求愛行動といわれています。

## ハナミノカサゴ 🧪🧪🧪

背びれに猛毒をもつとげがあり、死亡事故もおきています。ひらひらした胸びれや背びれは、海藻にまぎれて身を隠したり、敵をおどろかすのに役立ちます。🟩フサカサゴ科 🟥29㎝（体長）🟦駿河湾以南／インド洋、太平洋 🟩毒のとげ

### 危険!! EX 猛毒情報 — 人間がカサゴに刺されたら…

強力な毒をもつミノカサゴなどに刺されると、ひどい場合には手足がまひしたり呼吸困難になったりします。海中で刺されてパニックになると、おぼれて死んでしまうこともあります。無事に海面に上がってきても、刺されたところが壊死してしまうこともあるため、とげを抜いて、病院で処置をしてもらいましょう。

### Q カサゴの毒はどこにあるの？

**A** カサゴのなかまは、ひれに毒のとげをもっています。どのひれにとげがあるかや、とげの数は種類によってちがいます。とげは、えものなどを攻撃するためのものではなく、身を守るためのものです。とげがなにかに刺さると、ひれの皮ふにある毒腺から、刺さったところに、毒が流れこみます。また、ミノカサゴのなかまの毒は、同じなかまにも効果があるため、繁殖期の戦いに使われることがあります。毒のとげに刺されたオスは2週間ほど動けなくなります。

### オニカサゴ 🧪🧪🧪

海底にひそんでいるカサゴで、人間が気づかずにさわったりふんだりして、刺される事故が多い魚です。顔、背びれ、しりびれ、腹びれに毒のとげがあり、刺されるとはげしくいたみます。🟩フサカサゴ科 🟥19㎝（体長）🟦南日本、琉球列島／インド洋、西太平洋 🟩毒のとげ

🟩分類 🟥体の大きさ 🟦おもな生息地 🟩危険なところ

**見てみよう! DVD そこにいる! 海にひそむ猛毒 キリンミノ**

### キリンミノ 🧪🧪🧪
頭、背びれ、しりびれ、腹びれに猛毒のとげがあり、刺されると、傷口が赤くはれ、強いいたみが18時間もつづくといいます。キリンミノカサゴとも呼ばれます。🟢フサカサゴ科 🔴18〜20㎝（体長） 🟣九州以南／インド洋、西太平洋、南アフリカなど 🔵毒のとげ

**見てみよう! DVD そこにいる! 海にひそむ猛毒 ネッタイミノカサゴ**

### ハチ 🧪🧪🧪
ヒレカサゴとも呼ばれるカサゴのなかまで、背びれ、腹びれ、しりびれなどに毒のとげがあります。刺されるとはげしいいたみが18時間もつづきます。🟢フサカサゴ科 🔴15㎝（体長） 🟣本州中部以南／西太平洋、インド洋 🔵毒のとげ

### ネッタイミノカサゴ 🧪
危険を感じると、体を回転させ、毒のあるとげを広げて、敵をおどかします。胸びれのとげが、糸のように長くのびています。🟢フサカサゴ科 🔴15㎝（体長） 🟣紀伊半島以南、小笠原諸島／インド洋、太平洋 🔵毒のとげ

59

## 見てみよう！ DVD　そこにいる！　海にひそむ猛毒　ヒメオニオコゼ

### オニオコゼ 🧪🧪🧪
背びれ、腹びれ、しりびれに強い毒をもつとげがあり、刺されると、はげしいいたみが数日つづいたり、熱が出たりします。毒は熱で消えるので、おいしい白身の魚として、食用にされています。🟩オニオコゼ科　🟥20㎝（体長）　🟪本州〜九州／西太平洋　🟦毒のとげ

### ヒメオコゼ 🧪🧪🧪
頭と、背びれ、腹びれ、しりびれに毒のとげがあります。とげは皮ふのさやでつつまれていて、先だけが出ています。毒は皮ふにある毒腺から、とげにある溝をつたって流れます。刺されると、ひどいいたみが10時間以上つづきます。🟩オニオコゼ科　🟥10㎝以下（体長）　🟪日本、中国、フィリピン、インド洋　🟦毒のとげ

### オニダルマオコゼ 🧪🧪🧪
毒のとげで刺す魚のなかで、いちばん強い毒をもっています。岩にそっくりな姿でえものを待ちぶせしているので、気づかずにふんでしまい、刺される事故がおきています。🟩オニオコゼ科　🟥30㎝（体長）　🟪西太平洋、インド洋　🟦毒のとげ

背びれ、しりびれ、腹びれに毒のとげがあります。

### 危険!! EX 猛毒情報

#### オニダルマオコゼに刺されたら……
オニダルマオコゼに刺されると、はげしいいたみにおそわれ、刺されたところが赤くはれます。刺されたところだけでなく、全身が熱っぽくいたむ日が数日つづきます。傷口がまひして全身に広がります。吐き気がし、熱が出て、関節がいたんだり、頭が混乱したり、呼吸がうまくできなくなったりする症状が出て、死にいたります。

#### その場でできる応急処置
カサゴやオコゼ、ゴンズイなどに刺されたときは、とげをぬき、できるだけ毒をしぼり出してから、傷口をきれいにあらって病院に行きます。いたみがひどい場合は40〜50℃くらいであたためると少し楽になります。

🟩分類　🟥体の大きさ　🟪おもな生息地　🟦危険なところ

水辺・海の猛毒生物

# ウミヘビ

**!** 今泉のチェックポイント
ウミヘビは、陸のヘビと同じは虫類で、陸上のヘビよりずっと強い毒をもっているものが多い。ウミヘビの毒は、えものをまひさせる神経毒だ。

### エラブウミヘビ 🧪🧪🧪
陸上を移動するときに使う、おなか側の幅広いうろこ（腹板）がよく発達していて、陸に上がることができます。昼間は海岸の岩のすき間などにかくれています。ハブやマムシよりもはるかに強い毒をもっています。■コブラ科 ■70〜150cm ■南西諸島／台湾、オーストラリア北部 ■毒牙

エラブウミヘビのほか、写真のアオマダラウミヘビも、昼間はよく陸に上がっています。

### イイジマウミヘビ 🧪
鼻の穴が上向きなのが、見分ける目印になります。魚の卵を食べるヘビで、えものをしとめる必要がないことから、歯がなくなり、毒も弱くなっています。■コブラ科 ■70〜90cm ■奄美諸島〜南西諸島／中国、台湾 ■毒牙

**見てみよう！ DVD** 恐怖！ 猛毒をもったヘビ ヒロオウミヘビ

**Q** ウミヘビの毒はどこから出るの？

**A** ウミヘビの毒は、上あごにある毒腺でつくられ、まわりの筋肉におされてあふれ出します。上あごの前歯2本が毒牙になっていて、毒腺からあふれ出た毒は毒牙にある溝を通ってえものの体内に入ります。

■分類 ■体の大きさ ■おもな生息地 ■危険なところ

## 危険!! EX 猛毒情報 — ウミヘビにかまれると……

人間がウミヘビにかまれても、はじめはほとんどいたみがありません。神経をまひさせる毒なので、早くて15分、遅ければ8時間くらいあとに、筋肉がこわばり、いたみを感じたり、舌がしびれたりしはじめます。時間がたつにつれて体が動かなくなり、重症の場合は、48時間以内に呼吸まひや心臓まひで死亡します。回復した場合も、多くは腎臓などに障害がのこります。また、一度目は無事でも、二度かまれるとアナフィラキシーショックをおこして死亡することがあります。

### イボウミヘビ 🧪🧪🧪
マングローブの林や河口に多くすみ、ナマズやエビなどをえものにしています。強い毒をもっていて、人間がかまれて死ぬこともあります。■コブラ科 ■1～1.4m ■ペルシア湾～オーストラリア ■毒牙

### デュボアトゲオウミヘビ 🧪🧪🧪
世界トップクラスの猛毒をもつウミヘビです。サンゴ礁にすみ、ウナギや海底にいる魚をえものにしています。■コブラ科 ■70～100㎝ ■オーストラリア北部沿岸 ■毒牙

### オリーブミナミウミヘビ 🧪🧪🧪
陸に上がっていることも多いウミヘビです。強い毒をもち、サンゴ礁ではダイバーに近づいてくることもあります。■コブラ科 ■1～2.2m ■オーストラリア北部沿岸 ■毒牙

## 猛毒のふしぎ

水辺・海の猛毒生物 — ウミヘビ

# トラウツボを丸のみにする アオマダラウミヘビ!!

猛毒ウミヘビのアオマダラウミヘビがねらいを定めたのは、大きな口とするどい歯をもつトラウツボ。トラウツボは、体を丸のみしようとするアオマダラウミヘビに、最後の力をふりしぼってかみつく！

### 事件のあらまし

夜の海でえものをさがしていたアオマダラウミヘビがトラウツボを見つけました。トラウツボの頭にかみつこうとしますが、するどい歯をもつトラウツボも、アオマダラウミヘビにかみつこうとねらってきます。長い体をくねくねさせながらあらそっているうちにアオマダラウミヘビが、トラウツボの尾にかみつきました。強い神経毒がしだいにトラウツボの体にまわり、じりじりと自分より太く大きなトラウツボの体を丸のみしていきます。体が自由に動かなくなってきたトラウツボは、必死でアオマダラウミヘビにかみつきますが、最後はのみこまれてしまいました。

### アオマダラウミヘビ 🧪🧪🧪

強い神経毒で、えものの動きをまひさせて、丸のみします。毒は人間のだ液のように、食べ物の消化を助ける役目もします。昼間は、海岸近くの陸などで休み、夜にえものをさがします。　■コブラ科　■80～150cm　■南西諸島／インド洋東部、太平洋西部　■毒牙

■分類　■体の大きさ　■おもな生息地　■危険なところ

トラウツボはえものをとらえるときのように、するどい歯でかみつき、抵抗します。

えものにかみついたアオマダラウミヘビは、毒牙から毒を注入します。

**トラウツボ**
昼間は岩のすきまや穴にひそみ、夜にえものをとります。するどい歯の生えた大きな口は、弓なりに曲がっていて、完全に閉じることはできません。■ウツボ科 ■90㎝ ■太平洋、インド洋 ■歯

# ウニ・ヒトデ

> **！今泉のチェックポイント**
> ウニやヒトデのなかには、とげに毒をもつものがいる。とげがぬけやすく、体に刺さったままになることが多いので、注意が必要だ。

目のように見えますが、ウニの肛門です。

### ガンガゼ
長さ30㎝ほどのとげの中には毒液が入っています。とげが刺さって折れると毒液が出てはげしくいたみ、刺されたところがはれたり、赤くなったりします。手足のまひや呼吸困難をおこすこともあります。とげは折れやすく、ぬけにくいので、体の中に折れたとげがのこることもあります。
■ガンガゼ科 ■5～9㎝（カラの直径） ■房総半島以南／西太平洋、インド洋 ■毒のとげ

## Q ウニやヒトデの毒はどこにあるの？

**A** ウニやヒトデの毒はとげにあります。ただ、すべてのとげに毒があるわけではなく、毒のあるとげとないとげをもっているウニもいます。叉棘と呼ばれるラッパ型のとげは、ラッパの口が閉じてかみつくように皮ふに刺さります。

### トックリガンガゼモドキ
ガンガゼに似ていますが、毒をもつ長くて太いとげには、白と茶色の帯があります。ほかに針のようにとがった短いとげがあります。■ガンガゼ科 ■10～15㎝（カラの直径） ■相模湾以南／西太平洋～インド洋 ■毒のとげ

### ラッパウニ
体の表面は、ラッパ型の毒のあるとげ、叉棘でおおわれています。叉棘は体からぬけやすく、刺さった皮ふなどに残ります。まわりの目をごまかすため、体に石や海草などをのせて、岩やサンゴ礁をはって動いています。■ラッパウニ科 ■10㎝（カラの直径） ■相模湾以南／西太平洋～インド洋 ■毒のとげ

### イイジマフクロウニ
カラが袋のようにやわらかいウニです。長くとがったとげの根本のところに毒を出す腺があります。刺されるとはげしくいたみ、刺されたところが赤くなって、大きくはれます。しびれたり、筋肉が動かなくなって、死亡する例もあります。■フクロウニ科 ■10～15㎝（カラの直径） ■相模湾以南／日本～東南アジア ■毒のとげ

■分類 ■体の大きさ ■おもな生息地 ■危険なところ

## 危険!! EX 猛毒情報
### 人間がオニヒトデに刺されたら……

オニヒトデに刺されると、とげから毒が注入され、はげしくいたみます。刺されたところが大きくはれ、傷口はうみ、なかなか治りません。刺されたあとに吐いたり、何日もいたみがつづいたり、重症の場合は死亡した例もあります。刺されたときは、まず傷口の目に見えるとげをぬきます。まっすぐに引きぬかないととげが折れ、先が体の中にのこってしまうことがあるので、注意が必要です。

### モミジガイ
名前は貝のようですが、体内にフグと同じテトロドトキシンという毒をもつヒトデです。ただ、とげには毒はないので、刺されても毒が体に入ることはありません。■モミジガイ科 ■最大12㎝（全長）■北海道～九州／太平洋、インド洋、アフリカ東岸、紅海 ■毒のある体

### ホラガイ
サンゴ礁などにすみ、ヒトデやナマコを食べる貝です。オニヒトデの毒がきかないホラガイのなかまは、オニヒトデをゆっくりと食べます。■フジツガイ科 ■40㎝（カラの高さ）■紀伊半島以南／西太平洋～インド洋

### 見てみよう！ DVD 立ち向かえ！ 猛毒 オニヒトデ VS. 謎の生きもの

### オニヒトデ
体中が長さ3㎝以上もある、するどいとげにおおわれています。とげには強い毒があります。オニヒトデはサンゴを食べるので、オニヒトデが大量発生すると、サンゴ礁が大きな被害をうけることがあります。■オニヒトデ科 ■20～60㎝（直径）■紀伊半島以南／西太平洋～インド洋、南アフリカ、紅海 ■毒のとげ

## 強力な毒をもつ 毒ヒトデ！

## 猛毒のふしぎ

# 食中毒に要注意!!

フグを食べる習慣のある日本では、昔からフグの中毒に苦しめられてきた。いまでも、中毒で死亡する例がある。専門の資格をもったフグの調理師のいる店以外では、ふぐの料理を出すことはできない。素人が扱うのは危険だ！

「ふぐ刺し」と呼ばれる刺し身で食べたり、鍋で食べたりします。うすくても弾力のある食感が人気です。

### クサフグ
内臓や皮ふ、筋肉に毒をもっています。目だけ出して砂にもぐる習性があります。■フグ科 ■11cm
■青森県以南／東シナ海、朝鮮半島南部 ■内臓、皮ふ、筋肉

フグは、調理する免許がないと調理できません。

### Q フグの毒はどこにあるの？

A フグの毒は、テトロドトキシンといって、食べたものの毒が体の中にたまったものです。毒は肝臓（きも）や卵巣でとくに強く、種類によっては皮ふ、腸管、精巣などにも毒があります。養殖のフグは無毒です。

養殖魚もふえてきています。

### トラフグ
高級魚として食用で人気が高い魚ですが、内臓に猛毒のテトロドトキシンがあり、肝臓と卵巣にはとくに強い毒があります。■フグ科 ■70cm
■北海道以南の太平洋側、日本海西部／黄海〜東シナ海 ■内臓

■分類 ■体の大きさ ■おもな生息地 ■危険なところ

## マフグ 🧪🧪🧪
肝臓、卵巣は猛毒ですが、そのほか皮ふや腸にも強い毒があります。マフグの皮で中毒になった例もあります。 ■フグ科 ■45cm ■日本各地／黄海〜東シナ海 ■内臓、皮ふ

### EX 猛毒情報 — フグの毒で中毒になると……
早ければ食べて20〜30分、ふつうは3〜6時間ほどで症状が出ます。フグの毒は体をまひさせる神経毒で、くちびる、舌、指先などがしびれてきます。症状がひどいときは、そのまま全身にまひが広がり、息ができなくなって死んでしまいます。治療法はありませんが、人工呼吸器による治療で命が救われた例があります。

内臓を傷つけないように注意して、完全に取りのぞいてから食べています。

## ソウシハギ 🧪🧪
内臓にパリトキシンという毒をもつことがあります。熱帯の海にいる魚で、その地域では内臓を取りのぞいて食用にしてきました。夏、海水温が高いと瀬戸内海や相模湾などでも見られるようになり、釣りをする人たちは注意が必要です。 ■カワハギ科 ■75cm ■世界中の熱帯の海 ■内臓

## アオブダイ 🧪🧪
西日本を中心に食用にされる魚ですが、パリトキシンという強い毒をもつことがあります。毒は肝臓や筋肉にあり、筋肉痛、呼吸困難、けいれんなどの症状がおきます。中毒で死亡した例もあります。 ■ブダイ科 ■65cm ■東京都〜琉球列島 ■内臓、筋肉

食用としての販売をひかえるよう、厚生労働省が呼びかけています。

# 猛毒のふしぎ ／ 食中毒に要注意!!

## Q 魚にはどんな毒があるの？

**A** フグ毒のほか、おもにサンゴ礁にいる魚がもつシガテラ毒、アオブダイなどがもつパリトキシンがよく知られています。体をまひさせる神経毒で、煮たり焼いたり、火を通してもなくなりません。油分や肝臓のビタミンAも中毒症状を引きおこします。

### オニカマス
筋肉にシガテラ毒をもっていることがあり、大型の魚ほど毒が強くなります。シガテラ中毒の症状として温度感覚が異常になり、冷たいものにさわると、電気でびりびりするような刺激をうけるドライアイスセンセーションなどがおこります。■カマス科 ■1.7m ■太平洋・インド洋・大西洋の熱帯の海 ■筋肉

### バラムツ
ワックスエステルという油の成分が多く、食べると下痢や皮ふから油がしみ出してくる皮脂漏症という症状が出ます。■クロタチカマス科 ■1.5m ■世界中の温帯・熱帯の海 ■ワックス成分

### オオクチイシナギ
肝臓をたくさん食べると、ビタミンAの取りすぎで症状が出ます。頭痛や発熱のほか、顔や頭の皮ふが、うすくぼろぼろはがれ落ちるのが特ちょうです。肝臓を取りのぞいて売ることが決められています。■スズキ科 ■2m ■北海道〜高知県・石川県 ■肝臓

## バイ（ツブ） 🧪🧪

とれた場所によってフグ毒をもつものや、貝毒をもつものがいます。■エゾバイ科 ■4.5㎝（カラの高さ） ■北海道〜九州／朝鮮半島 ■本体

## ムラサキイガイ 🧪🧪

体が動かなくなるまひ性の貝毒をもっています。毒があるのは中腸腺という部分だけです。■イガイ科 ■7.5㎝（カラの長さ） ■全世界 ■中腸腺

## スベスベマンジュウガニ 🧪🧪🧪

昼間の潮溜まりなどにいて、磯あそびで見かけることもあります。とれた場所によってフグ毒をもつ場合と、まひ性の貝毒をもつ場合があります。■オウギガニ科 ■5.5㎝（甲羅の幅） ■千葉以南／インド洋〜西太平洋 ■全体

## ツブヒラアシオウギガニ 🧪🧪🧪

小さなカニですが強いまひ性の貝毒をもち、とくに歩くあしの筋肉や甲羅、カラなどに猛毒があります。みそ汁に入れて中毒になる例が多くあります。■オウギガニ科 ■4.2㎝（甲羅の幅） ■南西諸島／インド洋、太平洋 ■全体

## ウモレオウギガニ 🧪🧪🧪

海の温暖化が原因か、2016年に、紀伊半島で見つかり話題になりました。まひ性の貝毒をもち、毒が強いカニなら、はさみ1gで5人が死にます。■オウギガニ科 ■9㎝（甲羅の幅） ■鹿児島以南／インド洋〜西太平洋 ■全体

## ヤシガニ 🧪🧪

ヤドカリのなかまです。食べ物などによって毒をもつことがあり、場合によっては死にいたる食中毒をおこします。毒は内臓にあるので、取りのぞいて調理します。■オカヤドカリ科 ■15㎝（カラの長さ） ■与論島以南／インド洋、太平洋 ■内臓

## その他の猛毒生物

# キノコ

### 今泉のチェックポイント
キノコは「木の子」とも書くように、木の近くに生える「菌類」という生きものだ。食べ物として身近だけれど、強い毒をもっていて、食べるととんでもないことになるキノコもあるんだ。

### カエンタケ 🧪🧪🧪
炎のような赤やオレンジ色で、手の指をのばしたようなふしぎな形が特ちょうです。わずか3g食べただけでも死ぬことがある猛毒キノコです。さわるだけで皮ふ炎になります。　■ボタンタケ科　■10cm（高さ）　■広葉樹の枯れ木、林の地上　■秋

### ドクササコ 🧪🧪🧪
オレンジがかった茶色で、かさの中央がくぼんだじょうご（ろうと）のような形をしています。日本全土に分布する猛毒キノコです。　■キシメジ科　■5〜10cm（かさの直径）、4〜8cm（柄の長さ）　■広葉樹林、雑木林、竹林　■秋

### 危険!! EX 猛毒情報　ドクササコを食べたら……
ドクササコは、別名ヤケドキンとも呼ばれています。食べたその日は、軽い吐き気やだるさを感じるくらいですが、2〜4日後に手足が赤くはれあがります。火傷のようなはげしいいたみは、2週間ほどで弱まりますが、1か月以上つづきます。

### シャグマアミガサタケ 🧪🧪🧪
濃い茶色で脳みそのような不気味な形をしています。吐いたり、下痢、けいれんなどの中毒症状を引きおこし、命を落とすこともある猛毒キノコです。　■ノボリリュウタケ科　■4〜8cm（幅）、3〜5cm（柄の長さ）　■針葉樹林　■春

■分類　■大きさ　■発生場所　■発生時期

## ドクツルタケ 🧪🧪🧪

白く美しいキノコですが、その毒の強さは世界的に知られていて、英語では「殺しの天使」とも呼ばれます。■テングタケ科 ■10㎝（かさの直径）、8～25㎝（柄の長さ）■広葉樹、針葉樹の林 ■夏～秋

### 危険!! EX 猛毒情報 ドクツルタケを食べたら……

ドクツルタケやシロタマゴテングタケには、猛毒があります。食べて6時間から半日ほどすると、おなかがはげしくいたみ、吐いたり、下痢をしたりをくり返します。体の水分を失う脱水症状や、血圧が急激に下がることで、死亡することもあります。治療をうけ症状がおさまったように見えても、肝臓や腎臓などの機能が失われ、数日後に死んでしまうこともあります。回復しても、多くは肝臓などに障害がのこります。

## ツキヨタケ 🧪🧪🧪

色や形が食用のシイタケやヒラタケに似ていますが割ってみると、かさと柄の間に黒いしみがあり、見分けるポイントになります。中毒になるケースがとても多いキノコのひとつです。■ツキヨタケ科 ■6～20㎝（かさの直径）■ブナなどの広葉樹の倒木や切り株、幹 ■夏～秋

発光する性質があり、暗いところでは、青白く光ります。

## シロタマゴテングタケ 🧪🧪🧪

ドクツルタケより少し小さめで、やや黄色みを帯びていますが、とてもよく似ています。ドクツルタケと同じ種類の猛毒をもっています。■テングタケ科 ■5～8㎝（かさの直径）、7～10㎝（柄の長さ）■広葉樹や針葉樹の林の地上 ■夏～秋

### 危険!! EX 猛毒情報 ツキヨタケを食べたら……

シイタケやヒラタケなどとまちがえられやすい毒キノコです。食べて30分から3時間くらいで、おなかがいたみ、吐いたり、下痢をしたりします。何十回も吐き、意識がもうろうとしたり、けいれんをおこしたりして、死亡することもあります。

73

その他の猛毒生物／キノコ

### ニガクリタケ 🧪🧪🧪
食用のクリタケに似ていて、中毒事故の多いキノコです。吐いたり、下痢をしたり、けいれんをおこしたりなどの症状が出て、命を落とすこともあります。■モエギタケ科 ■2〜5㎝（かさの直径）、5〜10㎝（柄の長さ）■さまざまな林の倒木、切り株、枯れ木 ■ほぼ一年中

### キイボカサタケ 🧪
黄色いかさのようなキノコです。色ちがいのアカイボカサタケ、シロイボカサタケがありますが、すべて、食べると吐いたり、下痢をしたりする毒キノコです。■イッポンシメジ科 ■1〜6㎝（かさの直径）、3〜11㎝（柄の長さ）■針葉樹、広葉樹などの林 ■夏〜秋

### スギヒラタケ 🧪🧪
柄のないキノコです。以前は食用とされていましたが、2004年に脳に障害がおきる中毒が多数発生しました。毒の成分などはまだはっきりわかっていませんが、食べてはいけない毒キノコです。■キシメジ科 ■2〜6㎝（かさの直径）■針葉樹、おもにスギやマツの倒木や切り株 ■夏〜秋

### サクラタケ 🧪
ピンクから紫色のかさは、成長するとふちがめくれるように反り返ります。食べるとおなかがいたみ、吐いたり、下痢をしたりする毒の成分が確認されています。■キシメジ科 ■2〜5㎝（かさの直径）、5〜8㎝（柄の長さ）■針葉樹、広葉樹などの林の地上、枯れ枝やくさった木 ■春〜秋

### クサウラベニタケ 🧪🧪
よく似た食用のキノコが多く、中毒数がいちばん多いといわれるキノコです。腹痛、吐いたり下痢をしたりなどの症状が出ます。■イッポンシメジ科 ■3〜8㎝（かさの直径）、5〜10㎝（柄の長さ）■広葉樹林や雑木林の地上 ■夏〜秋

■分類 ■大きさ ■発生場所 ■発生時期

## ベニテングタケ 🧪🧪
絵本に出てくるような見た目のかわいいキノコですが、強い毒があります。食べると、吐いたり、下痢をしたりする症状や、筋肉がふるえたり、幻覚を見たりする症状が出ます。🟩テングタケ科 🟥6〜20㎝（かさの直径）、10㎝（柄の長さ）🟦シラカバなどの広葉樹林、針葉樹林の地上 🟦夏〜秋

## ウスタケ 🧪
角笛のような形から、成長するとラッパ型になり、かさと柄の区別はありません。以前は食用とされていましたが、食べると吐いたり、下痢をしたりする毒キノコです。🟩ラッパタケ科 🟥3〜8㎝（かさの直径）🟩針葉樹や雑木林 🟦夏〜秋

## オオワライタケ 🧪
体がふるえたり、大騒ぎをしたり、幻覚が見えたりといった、神経的な中毒症状がおきる毒キノコです。かむと強い苦みがあります。
🟪フウセンタケ科 🟥4〜15㎝（かさの直径）、3〜15㎝（柄の長さ）🟪広葉樹の倒木や枯れ木、まれに針葉樹の枯れ木 🟦夏〜秋

## Q 毒キノコはどうやって見分ける？

**A** 毒キノコを見分ける方法として、よくいわれているあいまいな情報は誤りが多いです。キノコを見分けるには、キノコに対する正しい知識が必要で、いいかげんな説を信じると、死にいたる危険があります。

①はでな色は毒
②たてにさけるキノコは食べられる
色やさけ方だけでは判断できません。きれいな色をした食用のキノコや、白や地味な色で、たてにさけやすい毒キノコもあります。

**見た目がよく似た毒キノコと食用キノコがあります。**
ちょっと見ただけではわからないくらい似ているので、知識のない人が判断するのは危険です。

きれいな色で食べられる
ムラサキシメジ

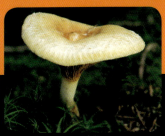
はでな色ではないが猛毒をもつ
ヒダハタケ

毒のあるネズミシメジ

食用になるシモフリシメジ

# 植物

## 今泉のチェックポイント

人は、草花や木を、食用にしたり、薬草に使ったり、庭や公園に植えて楽しんだりする。だが植物にも、食べると中毒をおこす毒や、皮ふなどを傷つける毒をもっているものがある。

### ヤマトリカブト

全草、特に根に強い毒があります。食べると、けいれんや呼吸まひ、心臓まひを引きおこし、死ぬこともあります。■キンポウゲ科 ■50〜120㎝ ■本州（中部〜東北地方）、山地 ■全草、特に根

葉の形が似ているニリンソウは、山菜として食用にされています。ニリンソウとヤマトリカブトをまちがえて食べてしまい、中毒をおこす事故がおきています。

### ドクゼリ

山菜のセリに似ていますが、特に根に強い毒があります。食べると、けいれんや全身まひ、呼吸困難などがおき、命を落とすこともあります。ドクゼリは根が大きく、タケノコのような節があるのが、見分けるポイントです。■セリ科 ■60〜100㎝ ■北海道〜九州、水辺 ■全草、特に根

山菜のセリを採るとき、同じ場所に生えているドクゼリがまざってしまうことがあるので、注意が必要です。

■分類 ■大きさ ■おもな生息地 ■危険なところ

### ドクウツギ 🧪🧪🧪

赤くてあまずっぱい実は、つい食べたくなりますが、強い毒があります。全身のはげしいけいれんや呼吸困難などから、死にいたることもあります。実を食べるだけでなく、果実酒をつくって中毒をおこした例もあります。■ドクウツギ科 ■1〜2m ■北海道〜本州（近畿より東）、山地・丘陵・河のほとり ■全株、特に実

### アオツヅラフジ 🧪🧪🧪

カミエビとも呼ばれるツル植物で、ブドウのような実をつけます。全体に、心臓まひや呼吸まひを引きおこす毒があります。■ツヅラフジ科 ■ツル植物 ■本州〜沖縄、山地・野原 ■全体

### アセビ 🧪🧪🧪

庭や公園に植える木としてもよく使われます。全体に口に入れると強い苦みを感じる毒があり、重症の場合は神経のまひや呼吸困難をおこします。花の蜜にも毒があり、ハチミツでの中毒事故もあります。ウシやウマが食べて死ぬこともあり、奈良公園のシカはアセビの葉を食べません。■ツツジ科 ■1.5〜4m ■本州（宮城県より南）〜九州、山地・庭 ■葉、樹皮、花など

## Q 植物の毒が危ないのはどんなとき？

A 有毒な植物が危険なのは、その植物を食べたり、不用意にふれたりしたときです。どんなとき、そうしたことがおきるのでしょう。

①見た目のよく似た山菜などとまちがえて、食べてしまうことがあります。
②薬草として使われる有毒植物を、誤った使用法や量で飲んだり、食べたりします。
③食べられる実と思って、知らずに食べることがあります。
④植物の汁を目や口に入れてしまうことがあります。
⑤アレルギーをもつ人や、皮ふの弱い人が植物にふれると、かぶれることがあります。

### キョウチクトウ 🧪🧪🧪

食べると、吐いたり、下痢をしたり、めまいなどをおこす毒があり、重症の場合は心臓まひをおこすこともあります。枝や葉を傷つけると白い液が出て、この液が目に入ると涙が止まらなくなります。■キョウチクトウ科 ■2〜5m ■インド原産、庭木や公園の木など ■全体

### ヒガンバナ 🧪🧪

マンジュシャゲとも呼ばれ、秋になると、まだ葉が出る前に、赤い花をさかせます。冬の葉を山菜のノビルなどとまちがえて食べることがあり、下痢や神経のまひなどの中毒症状が出ます。葉や茎を傷つけて出る汁が付くと皮ふがかぶれます。■ヒガンバナ科 ■30〜70cm ■全国（中国原産）、田のあぜ道・墓地など ■全草

その他の猛毒生物 植物

# 実を傷つけると出る白い液が麻薬の原料

### ケシ 🧪🧪🧪
25種類のアルカロイド系の毒をもつ植物で、アヘンやヘロインなどの麻薬の原料になります。日本では法律で、一般の人が栽培することを禁じています。ケシと同じポピーと呼ばれることも多いヒナゲシは、観賞用に育てることができます。■ケシ科 ■1〜1.5m ■西アジア原産 ■実

### コカノキ 🧪🧪🧪
日本では法律で、麻薬として栽培が禁止されています。葉に含まれるコカインには、薬物をやめられなくなる依存症やずっとつづく中毒の危険があります。原産国の南アメリカでは、かつては宗教的な儀式や疲労回復に効果のある植物として利用されていました。■コカノキ科 ■1〜3m ■南アメリカ原産 ■葉

### アサ(タイマ) 🧪🧪🧪
脳を興奮させたり、幻覚を見せたりする作用のある麻薬、大麻の原料になり、日本では無許可の栽培が禁止されています。服の生地の「麻」には、別のいくつかの植物が使われていて、いまはアサは使われていません。■クワ科 ■1〜3m ■中央アジア原産 ■全草、とくに花

### トウゴマ 🧪🧪🧪
「ヒマ」とも呼ばれ、種子から油、ひまし油をとるために栽培されています。種子にリシン、リシニンという毒があり、食べると吐いたり、下痢をしたり、また、大量に食べると死亡する危険があります。薬品や美容・化粧用などのひまし油は無毒です。■トウダイグサ科 ■2〜3m ■インド・小アジア・北アフリカ原産 ■種子

ひまし油の原料になるトウゴマの種子は、子どもがあやまって食べてしまう事故がおきています。

### タバコ 🧪🧪🧪
タバコの原料として栽培され、葉にはニコチンが含まれています。ニコチンには、いらいらする気持ちをおさえるなどの効果がありますが、めまい、けいれん、呼吸がまひするなど、子どもがあやまって食べると、死亡する危険があるほどの中毒を引きおこします。■ナス科 ■1〜3m ■南アメリカ原産 ■葉

**Q 毒のある植物をなぜ栽培するの?**

**A** ヘロイン、コカインなどの麻薬は、一度使用すると、つづけて使用せずにはいられない中毒症状をおこし、体も精神もぼろぼろになり、とても危険です。ただ、同じケシからつくるモルヒネは、医療に欠かせない薬品です。毒は使い方によって薬にもなるので、その成分が、人間の体にあたえる影響を研究することも重要です。

■分類 ■大きさ ■おもな生息地 ■危険なところ

猛毒のふしぎ

# 気をつけたい身近な植物

おいしいフルーツや、栄養のある野菜なども植物です。ふつうに調理をすればまったく害のない食べものですが、人によっては果汁などが付くことで、皮ふがいたんだり、かぶれたりすることがあります。

**キウイフルーツ**
舌の表面などをおおっているたんぱく質を分解する酵素と針のような形のシュウ酸カルシウムの結晶の作用で、食べたときに舌がぴりぴりしたり、皮ふがかぶれたりすることがあります。■マタタビ科 ■5〜8m（つるの長さ） ■中国原産・ニュージーランドで改良 ■実

**パイナップル**
じゅくしきっていない実には、舌などを刺激から守るたんぱく質を分解する酵素と、針のような形のシュウ酸カルシウムの結晶が多く含まれていて、汁の付いた口のまわりや舌がぴりぴりしたり、かぶれたりすることがあります。■パイナップル科 ■30〜70cm ■南アメリカ原産 ■実

**マンゴー**
果汁などにアレルギー物質があり、人によっては皮ふに果汁や葉の汁が付くと、かぶれることがあります。■ウルシ科 ■10〜40m ■インド〜ミャンマー原産 ■実・全体

**ジャガイモ**
ジャガイモを置きっぱなしにしておくと、芽が出てきます。この芽の部分や、皮の緑色になった部分にはソラニンという毒があります。食べると吐いたり、下痢をしたりするので、完全に取りのぞいて調理します。■ナス科 ■60〜100cm ■中南アメリカ原産 ■芽・皮

**ニンジン**
人によっては、さわるとかゆみやしっしんなどが出る成分が全体にあります。また、太陽の光に反応して皮ふ炎をおこす原因になる物質も含まれています。■セリ科 ■50〜150cm ■ヨーロッパ原産 ■全体

※これらのフルーツや野菜は、栄養があって体によい食べものです。ふつうに食べれば害はありませんので、好き嫌いせずに食べましょう。

その他の猛毒生物
ウイルス・細菌

# ウイルス・細菌

> **！ 今泉のチェックポイント**
> 人間の体内に入って致命的な病気を引きおこすウイルスや細菌は、目には見えない猛毒生物だ。人間は長い間、病気を防ぎ、治療の方法をさがすことで、この猛毒生物と戦っている。

**感染源**

## Q インフルエンザウイルスはどこにいるの？

**A** ウイルスは、目に見えないとても小さな微生物です。空気中では半日もせずに死んでしまいますが、人間の体内に入ると、急激にその数をふやし、病気を引きおこします。インフルエンザの患者がせきをして飛びちったつばや、つばや鼻水をさわった手から、インフルエンザウイルスがまわりに広がっていきます。

### インフルエンザウイルス 🧪🧪
日本国内で多いときには100万人以上の患者が出る、インフルエンザの原因になるウイルスです。鼻水、せきなどカゼのような症状のほか、高熱が出て、頭痛や筋肉痛などがおこります。■インフルエンザ ■世界各地 ■ヒトからヒト

**感染源**
貝などの食べ物に付いたノロウイルスが、口から人間の体内に入ります。患者の便や吐いたものにはウイルスがたくさんふくまれていて、感染が広がる原因になります。

### ノロウイルス 🧪🧪
吐いたり、下痢をしたり、熱が出たりする症状が出ます。もとは海や川の水にいたウイルスが貝などにくっついていて、食中毒を引きおこします。その患者の便や吐いたものからさらにウイルスが広がります。症状は数日でおさまります。■ノロウイルス感染症 ■世界各地 ■二枚貝など、ヒトからヒト

**感染源**
感染した動物（イヌ、ネコ、キツネ、コウモリなど）にかまれるとウイルスが体内に入ります。脳が傷ついて、水をこわがったり、興奮したり、暴れたりする症状のあと、意識を失って死亡します。

### 狂犬病ウイルス 🧪🧪
感染した動物のだ液の中にいるウイルスが、傷口から、かまれた人間の体内に入ります。感染すると、発病を予防するワクチンを打たない限り、ほとんどが命を落とします。日本ではイヌを飼う場合、狂犬病の予防注射をすることを法律で義務づけているので、発症例はほとんどありませんが、世界では毎年数万人が亡くなっています。■狂犬病 ■世界各地（日本、イギリスなどをのぞく）■イヌなど

■感染症 ■分布 ■感染源

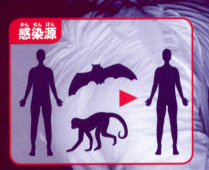

エボラウイルスは、ひものような形やボールのような形など、いろいろな形をしています。

## 危険!! EX 猛毒情報　エボラウイルス病の大流行

エボラウイルス病は、発症した患者の血液や汗、だ液などの体液、目や口、傷口などにふれることで感染するため、流行がくり返されてきた病気です。2014年3月に西アフリカのギニアで発生したときには、となりのリベリア、シエラレオネ、さらに周辺の国にも広がって、2年後に流行が終息するまでに2万8000人以上の患者、1万1000人以上の死者が出ました。

### エボラウイルス 🧪🧪

サルやコウモリなど、野生動物の体内にいたウイルスが、動物の血液や排泄物にふれた人間に感染し、広がっていきます。突然の発熱、下痢や内臓機能の障害、悪化すると体のあちこちから出血し、死にいたります。出血症状がほとんど出ないこともあるため、「エボラ出血熱」という名前からエボラウイルス病にかわりました。■エボラウイルス病 ■アフリカ ■野生動物、ヒトからヒトへ

### ボツリヌス菌 🧪🧪🧪

食中毒などを引きおこす菌で、野菜や肉、魚などにくっついて人間の体内に入ります。空気のないところでしか数をふやせないので、缶詰や真空パックの食品が、おもな原因となります。わずか500gで、全人類を死亡させることができ、生物界最強の毒といわれています。■ボツリヌス症 ■世界各地 ■食品

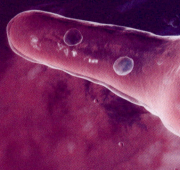

土の中にいる破傷風菌が傷口から人間の体内に入ります。ひどくなると、全身がけいれんし、後ろ向きに体が反る症状などが出て、息ができなくなって死亡します。

### 破傷風菌 🧪🧪🧪

傷口から人間の体内に入り、数をふやして破傷風毒素をつくります。毒素は神経を攻撃し、けいれんや全身まひなどを引きおこします。予防接種で防げる病気で、世界で100か国以上が母親と新生児のための予防接種を実施しています。■破傷風 ■世界各地 ■土の中の細菌

81

## がっかり!? びっくり!?
# 毒を利用する生きものたち

毒とは体に悪い成分のことだが、人間を殺すような成分だけではない。人間にはまったく効果のないものだったり、においだったり、さまざまな種類の毒がある。ここでは、毒をもっているがちょっとざんねんな生きものや、毒を使ったびっくり能力でうまく生きのびる生きものなど、毒を利用したおどろきの生きざまを見てみよう！

### 毒ガス攻撃で危険から逃れろ！
### スカンク／ゾリラ

スカンクは敵から身を守るために強烈なにおいのするオナラをすることで知られている。このオナラの正体はブチルメルカプタンという硫黄を含んだ毒液だ。

実際にかぐと、生ごみやニンニクやものがこげたにおいなどをごちゃまぜにしたような独特のにおいでしばらく気分が悪くなるほど。これは1kmはなれた場所でもにおうとされる。

このスカンクよりもさらに強力なにおいを放つとされているのがアフリカのゾリラだ。スカンクににているがイタチのなかまで、ちがうグループの動物だ。

### おしりからロケット噴射をする昆虫界の毒ガス王
### ミイデラゴミムシ

ミイデラゴミムシはおしりから毒ガスを出す昆虫だ。しかし、この毒ガスのすごさはにおいではなく、温度にある。

毒ガスの温度はなんと100度！ おもな成分はミイデラゴミムシの体内にたくわえられたハイドロキノンと過酸化水素で、これらが反応することで「ブーッ！」という爆発音とともに高温のガスが噴射される。

この毒ガスは身を守るためのものだが、化学反応はロケット噴射をするときとにているという。おしりからロケット噴射をする虫と思うとなんだかロマンがある。

## 毒がなくなるまでず〜っと寝る
## コアラ

コアラの食べ物としてよく知られているユーカリの葉は、アミグダリンという体内で毒（青酸）を発生させる成分をもっている。コアラにはこの成分はぜんぜん効かない……というわけではない。ほ乳類でいちばん長いといわれる2mもある盲腸で、腸内にすむ微生物（バクテリア）の力も借りて、ゆっくりこの成分を分解しているのだ。こうして毒を分解するために、なんとコアラが食べたものから得るエネルギーの2割が使われるという。その間、それ以上エネルギーをムダにしないようにと、コアラはひたすらねむりつづける。コアラが1日18〜22時間も寝るのはそのためだ。

また、毒の分解に必要な腸内の微生物は、親から子に引き継がれる。赤ちゃんの食べる「パップ」という離乳食だ。母親の腸内で消化され、一見うんちを食べているようにも見えるが、この離乳食によって、その後ユーカリの葉を食べられるようになるのだ。

## 毒を食べても身は守れなかった
## サイイグアナ

カリブ海に浮かぶ島にすむサイイグアナは、名前の通り、目と鼻の間にサイのつののようなうろこのある大型のイグアナだ。サイイグアナが食べる植物には、猛毒植物トリカブトなどに含まれるアルカロイド系の毒がある。もし、サイイグアナがこの毒を体にたくわえることができていれば……天敵から身を守ることができたかもしれない。しかし毒のある植物に耐性があるサイイグアナの体に、毒がのこることはなかった。

人間が食用としただけでなく、野生化したイヌやネコ、ブタなどにおそわれ、絶滅が危惧されている。

## 自分の毒でみんなが死ぬ？
# ハコフグ

　ハコフグはフグのなかまで、多くのフグがもついわゆる「フグ毒（テトロドトキシン）」とはちがう毒をもっている。

　ひとつは内臓にあるパリトキシン。これはテトロドトキシンよりも強い毒で、人間が体にとりいれてしまうと体がしびれたり、呼吸が苦しくなったりする。

　ハコフグのもつ毒はそれだけではなく、皮ふの粘膜にはパフトキシンという、これまた強い毒がある。この毒はストレスを感じることによって出されるそうで、広い海であればまだしも、水槽などの飼育下でこの毒が出されると大惨事がおきる。ある水族館では、3000リットルほどの水量がある水槽でハコフグのなかまを飼育中に、その毒によって水槽のほとんどの生きものが死んでしまったという……おそるべき毒のもちぬしは、自分自身もその毒で死ぬことがあるというから、なんとも扱いの難しい毒である。

## 自分の毒でみんなが死ぬ？
# カメムシ

　カメムシの出すくさいにおいは、毒の一種。人間がかいでも、ただくさいだけでたいした害はないが、アリなどには強く作用するため、カメムシが身を守るときに使っている。そのほかにも、カメムシはにおいを使ってなかまに危険を知らせたり、集合の合図にしたりする。

　そんな便利なカメムシのにおいだが、かれらをビンに閉じこめてしまうと、においはカメムシを自滅の道へと誘う。アルデヒドという毒成分を含む自分のにおいで失神して、時間がたつとついには死にいたるのだ。

## ゴキブリの動きをあやつるふしぎな毒
## エメラルドゴキブリバチ

　エメラルドのようにうつくしい色のエメラルドゴキブリバチは、ゴキブリに卵をうみつける寄生バチだ。幼虫は、生きたゴキブリを食べて成長する。

　なぜゴキブリは、おとなしく食べられているのか。それには、アンピュレキシンと名付けられた、エメラルドゴキブリバチの毒液に含まれる成分が大きな役割をはたしているという。ハチがゴキブリの脳を刺し、毒液を注入すると、ゴキブリは自分の意思では動けない状態になるのだ。まったく動けないわけではなく、ハチが触角を引いて歩くと、その動きについて歩く。

　ハチはゴキブリを巣に連れかえり、その体の中に卵をうむ。その後1週間から10日ほどで、幼虫はゴキブリを食べつくし、死がいの中で羽化するのだ。

　もし卵をうみつけられなければ、ゴキブリは1週間ほどで元の状態に回復するという。このふしぎな毒液は新薬の開発に役立つ可能性も秘めているそうだ。

## 生きものをあやつり水辺へと向かう
## ハリガネムシ

　ハリガネムシは、その名の通り針金のような寄生虫だ。カマキリやカマドウマなど、寄生した昆虫をあやつり、水辺へと向かわせる。ハリガネムシにあやつられて、水に飛びこみ水死する昆虫もいるのだ。

　ハリガネムシは水辺で生まれ、最初は水生昆虫に寄生する。その後カマキリなどの昆虫にたどりつくと、水中にもどるために昆虫をあやつるのだ。脳にタンパク質の一種を注入し、神経の発達をぐちゃぐちゃにし、異常行動をおこさせる。さらに光に対する反応をコントロールし、水に飛びこませるのだという。

# さくいん

## ア
- アイゴ……61
- アイゾメヤドクガエル……43
- アオズムカデ……39
- アオツヅラフジ……77
- アオブダイ……69
- アオマダラウミヘビ……64
- アカエイ……57
- アサ（タイマ）……78
- アシグロフキヤガエル……44
- アセビ……77
- アフリカナイズドミツバチ（キラービー）……27
- アマクサクラゲ……49
- アメリカドクトカゲ……23
- アンボイナ……54

## イ
- イイジマウミヘビ……62
- イイジマフクロウニ……66
- イチゴヤドクガエル……42
- イボウミヘビ……63
- インフルエンザウイルス……80
- インランドタイパン……13

## ウ
- ウシガエル……46
- ウスタケ……75
- ウメボシイソギンチャク……51
- ウモレオウギガニ……71
- ウンバチイソギンチャク……50

## エ
- エジプトコブラ……15
- エボラウイルス……81
- エメラルドゴキブリバチ……85
- エラブウミヘビ……62

## オ
- オウゴンニジギンポ……61
- オオカバマダラ……31
- オオクチイシナギ……70
- オオスズメバチ……9,24
- オーストラリアウンバチクラゲ……48
- オオヒキガエル……45
- オオマルモンダコ……8,53
- オオワライタケ……75
- オニオコゼ……60
- オニカサゴ……58
- オニカマス……70
- オニダルマオコゼ……7,60
- オニヒトデ……67
- オリーブミナミウミヘビ……63

## カ
- カエンタケ……72
- カツオノエボシ……49
- カバキコマチグモ……34
- ガボンアダー……12
- カメムシ……84
- カモノハシ……41
- カリフォルニアイモリ……47
- ガンガゼ……66

## キ
- キイボカサタケ……74
- キイロオブトサソリ……37
- キイロスズメバチ……24
- キウイフルーツ……79
- キオビヤドクガエル……43
- キバハリアリ……29
- 狂犬病ウイルス……80
- キョウチクトウ……77
- キリンミノ……59
- キングコブラ……6,8,15
- キングバブーンスパイダー……33

## ク
- クサウラベニタケ……74
- クサフグ……68
- クロドクシボグモ……33
- クロホシマンジュウダイ……61

## ケ
- ケープコブラ……15
- ケシ……78

## コ
- コアラ……83
- コガタスズメバチ……26
- コカノキ……78
- ココエフキヤガエル……44
- コバルトヤドクガエル……43
- コマルモンダコ……53
- コモドオオトカゲ……6,22
- ゴンズイ……61

## サ
- サーバル……36
- サイイグアナ……83
- サキシマハブ……20
- サクラタケ……74
- サシハリアリ……29
- サメハダイモリ……46

## シ
- シドニージョウゴグモ……6,34
- ジャイアントデスストーカー……36
- ジャガイモ……79
- ジャガランディ……42
- シャグマアミガサタケ……72
- ジャワスローロリス……40
- ジュウサンボシゴケグモ……35
- シロタマゴテングタケ……73

## ス
- スカンク……82
- スギヒラタケ……74
- ズグロモリモズ……41
- スベスベマンジュウガニ……71

## セ
- セアカゴケグモ……35

### ソ
- ソウシハギ……69
- ゾリラ……82

### タ
- タイガースネーク……13
- タガヤサンミナシ……55
- タバコ……78

### チ
- チャイロスズメバチ……24

### ツ
- ツキヨタケ……73
- ツブヒラアシオウギガニ……71
- ツマアカスズメバチ……25
- ツマベニチョウ……31

### テ
- デュボアトゲオウミヘビ……63

### ト
- トウゴマ……78
- トウブブラウンスネーク……13
- ドクイトグモ……34
- ドクウツギ……77
- ドクササコ……72
- ドクゼリ……76
- ドクツルタケ……73
- トックリガンガゼモドキ……66
- トビズムカデ……39
- トラウツボ……65
- トラフグ……68

### ナ
- ナンベイヤママユガ……30

### ニ
- ニガクリタケ……74
- ニホンマムシ……21
- ニホンミツバチ……26
- ニンジン……79

### ネ
- ネッタイミノカサゴ……59

### ノ
- ノロウイルス……80

### ハ
- バイ（ツブ）……71
- ハイイロゴケグモ……35
- ハイチソレノドン……40
- パイナップル……79
- ハコフグ……84
- 破傷風菌（はしょうふうきん）……81
- ハチ……59
- ハナブサイソギンチャク……50
- ハナミノカサゴ……58
- ハブ……9,20
- ハブクラゲ……49
- パラオ・ジェリーフィッシュレイクのイソギンチャク……51
- バラムツ……70
- ハリガネムシ……85

### ヒ
- ヒアリ……28
- ヒガンバナ……77
- ヒメアイゴ……61
- ヒメオコゼ……60
- ヒメスズメバチ……25
- ヒメハブ……20
- ヒャッポダ……21
- ヒョウモンダコ……7,52

### フ
- ファイアサラマンダー……47
- ブチハイエナ……14
- ブラックマンバ……13
- ブラリナトガリネズミ……40
- フランネルモス……30
- フリンジドオーナメンタル……33

### ヘ
- ベニテングタケ……75
- ペリングウェイアダー……16
- ペルビアンジャイアントオオムカデ……38

### ホ
- ボツリヌス菌（きん）……81
- ホラガイ……67

### マ
- マウイイワスナギンチャク……50
- マダラエイ……57
- マダラヤドクガエル……43
- マフグ……69
- マンゴー……79

### ミ
- ミーアキャット……19
- ミイデラゴミムシ……82
- ミドリイソギンチャク……51

### ム
- ムラサキイガイ……71
- ムンクス・デビルレイ……56

### メ
- メキシコドクトカゲ……23

### モ
- モウドクフキヤガエル……8,44
- モハベガラガラヘビ……16
- モミジガイ……67
- モンスズメバチ……6,26

### ヤ
- ヤシガニ……71
- ヤマカガシ……9,20
- ヤマトリカブト……76

### ヨ
- ヨーロッパアカヤマアリ……29
- ヨコバイガラガラヘビ……17
- ヨロイイソギンチャク……51

### ラ
- ライオン……14
- ラッセルクサリヘビ……13
- ラッパウニ……66

### リ
- リンガルス（ドクフキコブラ）……18

### ル
- ルブロンオオツチグモ……32

[監修]
今泉忠明

[執筆]
柴田佳秀(12-47)

[イラスト]
橋爪義弘(カバー、14-15、18-19、32、36、64-65)
福永洋一(42、46、54-55)
川崎悟司(82-85)
Sol90、柳澤秀紀(後ろ見返し)

[図版]
オフィス303

[装丁]
城所 潤+関口新平(ジュン・キドコロ・デザイン)

[本文デザイン]
新 裕介、天野広和(株式会社ダイアートプランニング)

[編集]
オフィス303(三橋太央、酒井かおる)

[写真]
特別協力：アマナイメージズ、アフロ、Getty Images

NATIONAL GEOGRAPHIC CREATIVE、NHK：前見返し
Animals Animals ／ PPS通信社：2／マイランEPD合同会社：27／京都大学農学研究科応用生命科学専攻化学生態学分野：42／ Nicole Frey：56

[DVD映像制作]
NHKエンタープライズ
大上祐司(プロデューサー)
三宅由恵(アシスタントプロデューサー)

[DVD映像制作協力]
東京映像株式会社

講談社の動く図鑑 MOVE
EX MOVE
# 猛毒の生きもの

2018年 6月25日　第 1 刷発行
2024年 4月15日　第11刷発行

発行者　森田浩章
発行所　株式会社講談社
　　　　〒112-8001　東京都文京区音羽2-12-21
　　　　電話　出版　03-5395-3542
　　　　　　　販売　03-5395-3625
　　　　　　　業務　03-5395-3615
　　　　KODANSHA
印　刷　共同印刷株式会社
製　本　大口製本印刷株式会社

©KODANSHA 2018 Printed in Japan
落丁本・乱丁本は購入書店名を明記のうえ、小社業務あてにお送りください。送料小社負担にておとりかえいたします。
なお、この本についてのお問い合わせは、MOVE編集あてにお願いいたします。
価格は、カバーに表示してあります。
本書のコピー、スキャン、デジタル化等の無断複製は著作権法上での例外を除き禁じられています。
本書を代行業者等の第三者に依頼してスキャンやデジタル化することは、たとえ個人や家庭内の利用でも著作権法違反です。

ISBN978-4-06-511865-8　N.D.C.480 87p 27cm

全37冊好評発売中！

図鑑MOVE

メルマガもあるよ！

**脳に効く！読み聞かせできる図鑑**

■MOVEminiシリーズ
・動物 ・危険生物 ・星と星座 ・植物
・鳥 ・鉄道 ・は虫類・両生類 ・水の中の生きもの ・宇宙 （以下続刊予定）

# 毒のある生き

## 猛毒ヘビ ランキング ベスト7

- 1位 インランドタイパン ……… ▶ P.13
- 2位 ラッセルクサリヘビ ……… ▶ P.13
- 3位 デュボアトゲオウミヘビ … ▶ P.63
- 4位 トウブブラウンスネーク … ▶ P.13
- 5位 ブラックマンバ ………… ▶ P.13
- 6位 イボウミヘビ …………… ▶ P.63
- 7位 タイガースネーク ……… ▶ P.13

※このランキングは、半数致死量＝LD50の数値をもとに算定しました。半数致死量とは、毒をあたえた実験動物の半数が、試験期間内に死にいたる毒の量のことです。

## 【 毒ヘビのあご 】

**毒牙**
管または、溝になっていて、毒を注入します。

**毒腺**
だ液腺が変化したもので、毒を分泌します。